KB041108

행성을 기록하다

PHOTOGRAPHS FROM THE ARCHIVES OF

NASA

THE PLANETS

PREFACE *by* BILL NYE

TEXT *by* NIRMALA NATARAJ

TRANSLATION *by* S.L. Park

NASA
행성을 기록하다

THE PLANETS, Preface by Bill Nye, Text by Nirmala Nataraj.
Text copyright @ 2017 by Nirmala Nataraj.
All rights reserved. No part of this book may be reproduced in any form without written permission from the publisher.
Page 254 constitutes a continuation of the copyright page.
First published in English by Chronicle Books LLC, San Francisco, California.
Korean translation rights ⓒ 2019 by Youngjin.com Inc.
Korean translation rights are arranged with Chronicle Books LLC through AMO Agency Korea.
이 책의 한국어판 저작권은 AMO 에이전시를 통해 저작권자와 독점 계약한 영진닷컴에 있습니다.
저작권법에 의해 한국 내에서 보호를 받는 저작물이므로 무단 전재와 무단 복제를 금합니다.

초판 1판 1쇄 2019년 1월 10일
재판 1판 4쇄 2023년 12월 20일

ISBN 978-89-314-5964-7

발행인 김길수
발행처 (주)영진닷컴
등 록 2007. 4. 27. 제16-4189호
주 소 (우)08507 서울특별시 금천구 가산디지털1로 128 STX-V 타워 4층 401호
이메일 support@youngjin.com

저자 NASA, Bill Nye, Nirmala Nataraj
번역 박성래
총괄 김태경
기획 정소현, 최윤정
내지 디자인 임정원
내지 편집 김소연
표지 디자인 인주영
영업 박준용, 임용수
마케팅 이승희, 김다혜, 김근주, 조민영
제작 황장협
인쇄 예림인쇄

CONTENTS

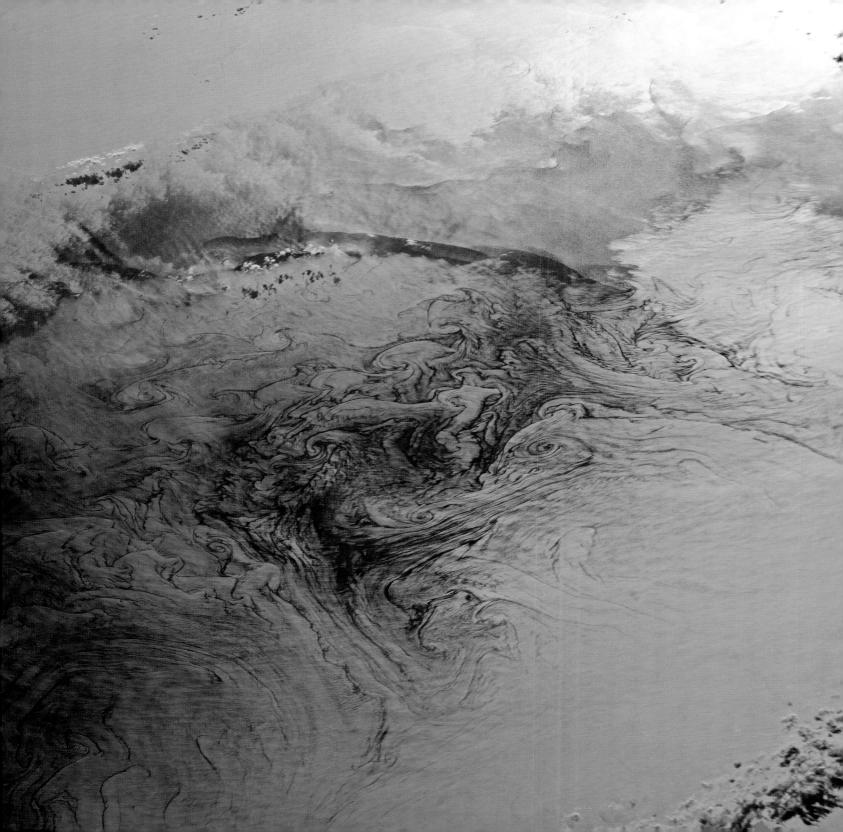

당신은 우주 탐험가

by Bill Nye

우주 탐험가 여러분, 환영합니다! 책에 있는 사진을 보면서 즐거운 시간을 보낼 것으로 생각합니다. 정말 놀라운 사진들이지요. 우리 선조들이 사진을 찍을 수도, 상상할 수조차 없었던 아주 깨끗하고 선명한 사진을 보고 있는 것입니다. 사실, 인류의 역사에서 아주 최근까지도 그 누구도 우주의 심연 속 중력에 매달려 있는 구형 행성에서의 삶의 의미를 완전히 이해하지 못하고 있었습니다. 인간이 탐사선을 상상하고 설계하고 만들어, 이를 발사하고 다른 천체로 탐사를 보낸 것은 불과 60여 년밖에 되지 않습니다. 600년 전의 천문학자들은 우리 지구가 얼마나 큰지에 대해 알고는 있었지만 이 책에 수록된 사진과 같이 우리와 이웃한 천체를 아주 자세히 볼 수 있게 된 것 역시 불과 수십 년밖에 되지 않습니다.

이 페이지를 넘기면 우리의 여정이 시작되며 페이지마다 새로운 발견을 하게 됩니다. 또한, 태양계 안쪽에 있는 지구형 행성 간의 비슷한 점을 확실히 볼 수 있습니다. 당신은 아주 오래전에 생긴 수성 표면의 상처를 보면 놀랄 겁니다. 손바닥만 한 크기의 사진에 얼마나 많은 충돌 크레이터가 있는지 세어 보세요. 유성 충돌은 대부분 아주 오래전에 일어났지만, 완벽한 크레이터 외곽과 그 중심에 있는 산의 모습을 보면, 우주를 떠도는 오래된 바위가 지구에 떨어졌을 때 지구가 얼마나 큰 피해를 입을 수 있을지 떠올릴 수 있습니다. 이제 태양에서 조금 더 멀리 움직여 보면 지금까지 인간이 거의 본 적 없는 금성의 모습을 볼 수 있습니다. 거기서 조금 더 멀리 날아가 화성 표면에 앉아 눈을 조금 쉬게 해 주세요. 세부적인 것에 대해 생각하고 집중하면서, 이 붉은 행성에서 생명체를 찾고 있는 로버의 다음 탐사를 위한 이동 경로를 상상해 보세요. 화성에서 미생물을 발견하면 인류 역사의 방향은 바뀔 것입니다.

이 책의 페이지를 넘길수록 태양에서 점점 더 멀어지며 거대한 가스 행성이 불쑥 나타납니다. 목성의 거대한 폭풍과 토성의 육각형 소용돌이를 보면 경외감을 느낄 수 있을 것입니다. 그리고 고리! 토성의 고리는 옛날 병사의 모자처럼 넓고 평평하지만, 해왕성의 고리는 매우 얇으며 제가 태어날 당시만 해도 아무도 이 고리의 존재를 모르고 있었습니다. 인류가 저 우주에서 어떤 것을 더 발견할 수 있을지 한번 생각해 보세요. 이 책에 수록된 사진을 통해 여러분의 상상력은 그 누구도 생각하지 못한 곳으로 향하게 될 것이라고 믿고 싶습니다.

이 책은 우리 모두가 삶의 어느 시점에 던지게 되는 2개의 질문을 생각하게 합니다. 이 질문은 너무나 흥미로워서 전 세계에 있는 우주 기구가 로켓과 탐사선, 촬영 장비를 우리 태양계 저 멀리 보내 답을 찾도록 하고 있습니다. 우리는 어디에서 왔을까요? 그리고 우리는 우주에 홀로 있는 것이고 태양계 밖으로 나가면 우리 은하의 나선팔에 그저 매달려 있는 것일 뿐일까요? 이 우주의 질문에 대해 자신의 답을 찾으려면, 마치 우주비행사들이 그렇게 하듯 일단 우주에서 지구를 바라보세요. 이것이 여러분을 바꿀 것입니다. 읽고 탐험하세요!

| 왼쪽 |

세인트로렌스만의 소용돌이

2016년, ISS(International Space Station, 국제 우주 정거장)에 탑승하고 있던 우주인이 북아메리카 동쪽에 있는 세인트로렌스만에서 발생한 소용돌이의 아름다운 모습을 촬영하였다. 소용돌이는 프린스 에드워드 섬 주변의 얕은 바다에서 여러 흐름이 얽혀 복잡한 형태를 띠게 된다. 이 모습은 햇빛이 수면에서 특정한 각도로 반사될 때만 볼 수 있다.

우 리 태 양 계

우리 태양계의 기원은 여전히 신비로움에 싸여 있다. 오늘날까지 과학자들은 우리의 우주 이웃들이 어떻게 형성되었는지에 대해 연구하고 있다.

우리는 이미 몇 가지는 알고 있다. 우리 태양계는 45억6천8백만 년 전에 형성되었으며 그 이전에는 태양을 둘러싼 가스와 먼지구름, 즉 태양 성운의 형태로 존재하였고 그 지름은 수 광년의 거리에 이르렀다.

사실, 무엇이 태양계 형성을 촉진시켰는지는 아무도 모른다. 몇몇 과학자들은 태양계 부근의 초신성 폭발이 태양 성운과 충돌하면서 수축하기 시작했다고 추측한다. 이 사건으로 인해 밀도가 높고 중력이 센 먼지와 가스 주머니가 생성되었고 물질을 빨아들이기 시작하였다. 이 지역은 태양을 포함한 별을 키우는 요람이 되었다.

태양이 탄생한 주머니의 중앙에서는 태양 성운의 물질이 공 모양으로 서서히 커지기 시작하였으며 다른 물질은 원시 태양을 중심으로 하는 원반 모양으로 흩어졌다. 이때의 태양은 아직 황소자리 T별처럼 핵합성(핵융합으로 인해 헬륨보다 무거운 원소가 생기는 현상)이 일어나지 않은 어린 별이었다. 50만 년 후, 온도와 압력이 핵융합(수소가 헬륨으로 변환되면서 엄청난 양의 열과 에너지가 방출되는 과정)을 일으킬 정도도 올라갔으며, 우리가 알고 있듯이때 바로 태양이 탄생했다.

이 변화는 여기서 끝이 아니었다. 태양 주변을 돌던 물질이 서로 충돌하면서 더 큰 물체가 되기도 하고 작은 우주 먼지로 쪼개지기도 하였다. 대부분의 행성은 시간이 지남에 따라 뭉쳐진 먼지 덩어리에서 시작되었다.

오늘날 태양계는 수성, 금성, 지구, 화성, 목성, 토성, 천왕성, 해왕성의 8개 행성과 왜소행성, 소행성 그리고 해왕성 너머에 혜성을 잔뜩 품고 있는 카이퍼 벨트와 같은 다양한 종류의 천체의 고향이다.

행성의 기원

행성은 새로 탄생한 태양 주위를 돌고 있던 아주 작은 크기의 먼지 입자에서 출발하였다. 자잘한 충돌을 거치면서 이 작은 입자들은 미행성체라고 하는, 지름이 수 km 정도 되는 공 모양의 물질이 되었으며, 중력으로 인해 다른 미행성체를 끌어들일 수 있게 되었다. 천만 년에서 1억 년 동안 미행성체가 서로 충돌하면서 부서지기보다는 합쳐질 수 있을 정도로 충돌 속도가 충분히 줄어들었다.

미행성체끼리 합쳐지기도 하고 폭발로 인해 다시 작은 조각으로 나뉘기도 하는 긴 진화 과정 끝에, 단 8개의 천체만이 안정을 유지할 수 있었으며 이것이 우리가 오늘날 행성이라 부르는 천체가 된 것이다. 뜨거운 액체 상태의 물질이 중력에 의해 각 행성의 중심부로 당겨짐에 따라 행성은 구형이 되었다. 하지만 행성의 자전이 중력을 상쇄하여 적도 부위가 살짝 튀어나오게 되었다. 즉, 태양계의 행성 중에 정확히 공 모양인 것은 없다는 의미이다.

행성이 태양 주위를 공전하는 동안 태양은 태양풍을 꾸준히 방출한다. 태양풍은 작은 입자와 에너지로 이루어졌으며 태양과 가까운 거리에 있는 행성인 수성, 금성, 지구, 화성의 가스를 날려버릴 만큼 강력했다. 또한, 태양과 가까이 있는 만큼 물이나 메탄이 응축될 수 없을 정도로 온도도 매우 높아서, 녹는점과 밀도가 높은 물질만 형성될 수 있었다. 그 결과, 지구형 행성이라 부르는 이 행성들은 암석과 금속이 풍부해졌다.

이와 반대로 목성형 행성으로 알려진 4개의 외행성인 목성, 토성, 천왕성, 해왕성은 태양과 충분히 멀어 태양풍으로부터 얼음과 기체가 휩쓸려 나가지 않았다. 그 결과 형제인 4개의 내행성에 비해 주로 수소와 헬륨으로 구성된 기체를 더 많이 가지게 되었다. 목성형 행성의 생성 초기에는 태양과 같이 행성 주변에 응축 원반이 있었다. 마치 작은 태양계처럼 목성 주변에는 67개의 위성이 공전하고 있다.

내행성과 외행성의 중간 구역에는 수백만 개의 우주 잔해가 소행성의 형태로 가득 들어차 있다. 이는 태양계 생성 시 남은 돌, 얼음, 금속으로 구성되어 있으며 일부 과학자들은 이것이 오래전에 붕괴된 행성의 잔해라고 생각한다. 천문학자들은 이 공간에 행성이 생성될 수 없을 것이라 믿고 있는데, 목성의 중력이 행성 크기의 천체가 생기는 것을 방해하기 때문이다(목성은 지구보다 11배나 크고 목성을 제외한 태양계의 모든 행성의 질량을 합친 것보다 2배 이상 무겁다. 이 정도면 거의 별이 될 수 있을 정도이다.).

태양에서 가장 먼 행성인 해왕성 궤도 저 너머, 태양 성운의 가장 추운 지역에는 얼음으로 이루어진 미행성체가 남아 있다. 하지만 그 크기가 수 km밖에 되지 않아 주변의 기체를 잡아 놓을 수 없다. 이들은 카이퍼 벨트 천체(Kuiper Belt Objects, KBOs)라고 하며 태양으로부터 4,500억km에서 7,650억km 떨어진 곳에 넓게 분포하고 있다. 해왕성 너머에는 명왕성도 존재한다. 이전에는 행성이었지만 2006년에는 왜소행성으로 격하되었다. 명왕성은 목성형 행성처럼 밀도는 낮지만 지구형 행성처럼 작은 크기를 가지고 있다.

행성의 정의

행성의 정확한 정의는 언제나 논쟁의 대상이며 새로운 발견이 이루어짐에 따라 발전한다. 천문학자들은 일반적으로 항성의 주위를 돌며 구형의 형태를 갖출 수 있을 정도로 중력이 충분한 천체로 정의하고 있다(이와 반대로 소행성이나 혜성은 불규칙한 형태를 하고 있다.).

한편, 많은 천문학자들은 명왕성이나 다른 카이퍼 벨트 천체를 진짜 행성으로 보지 않는다. 하지만 일부 천문학자들은 명왕성 정도의 질량을 가진 카이퍼 벨트 천체를 진짜 행성으로 간주해야 한다고 믿는다.

2006년, 국제천문연맹은 태양계 천체의 새로운 분류 방법을 발표하였다. 여기에는 소천체(소행성이나 혜성), 행성, 왜소행성, 원시행성(달이나 왜소행성보다는 작지만 다른 천체나 입자를 끌어당기기에 충분한 중력장을 갖춘 천체로, 원시행성은 태양계 초기에 생성되었다고 여겨지며 일반적인 크기의 행성으로 커질 수 있다.)이 포함된다. 천문학자들은 이런 천체가 우리 태양계에 생각보다 아주 많다는 것을 발견했다. 2005년에 천문연구팀이 태양에서 명왕성까지의 거리보다 3배나 멀리 떨어져 있고 위성도 가지고 있는 천체를 발견했고, 이 천체에 왜소행성 에리스(Eris)라는 이름을 붙였다.

최근 연구에 의하면, 태양계 외곽에는 바루나, 콰오아, 마케마케, 하우메아를 포함한 수백 개의 왜소행성이 존재한다는 것이 밝혀졌으며 이들은 대부분 카이퍼 벨트에 속한다. 반면 에리스와 같이 우리가 알고 있는 태양계 너머로 타원 궤도가 뻗어 있는 천체의 경우, 관측 장비의 한계로 인해 천체의 크기나 형상을 알 수 없기 때문에 정말로 왜소행성인지 판단할 수 없다.

천문학자들은 해왕성 너머에 숨어 있는 진짜 행성을 찾기 위해 하늘을 샅샅이 뒤져보았다. 사실, 우리가 알고 있는 태양계의 범위 밖에 있는 신비로운 미지의 행성 X의 개념은 천문학자에게 많은 영감을 주어, 보다 조직적으로 멀리 있는 천체를 탐사하도록 하였다. 아직은 행성 X의 실질적인 증거를 찾아내지 못했지만, 소규모의 천문학자 그룹은 무거운 행성의 존재에 대한 간접적인 증거를 제시하였으며 여기에 플래닛 나인(제9 행성)이라는 별명을 붙여 주었다.

다른 왜소행성과 마찬가지로 플래닛 나인을 본 사람은 아무도 없으며 중력과 관련된 효과로만 검출되었을 뿐이다. 수많은 카이퍼 벨트 천체들은 가까이 뭉쳐 있으며 이는 해왕성 너머에 있는 질량이 큰 물체의 영향을 받은 것이다. 에리스나 명왕성과는 달리 플래닛 나인은 지구의 10배가 넘는 질량을 자랑하며, 태양과 해왕성 사이의 거리보다 20배 멀리서 공전하며 공전 주기는 1만 년에서 2만 년 정도로 추정된다.

2015년, NASA(미국 항공 우주국)는 최초의 명왕성 및 카이퍼 벨트 탐사 계획인 뉴호라이즌스 미션을 통해 6개월간 명왕성을 근접 비행하며 주변 탐사를 진행하였다. 이 미션을 통해 발견한 정보를 분석한 결과, 현재 우리가 알고 있는 깔끔하고 우아한 태양계 지도는 태양계의 이웃을 정확히 묘사하지 못하고 있을 가능성이 있다고 지적했다. 사실 플래닛 나인에 대한 증거가 늘어나고 있는 것은 우리가 믿고 있던 태양계의 모습보다 훨씬 더 많은 숨겨진 것들이 존재하고 있다는 첫 지표가 될 것이다.

태양계의 위성

위성은 행성 주위를 공전하는, 대기가 거의 없는 단단한 천체이다. 행성이 생성된 과정과 유사하게 대다수의 위성은 태양계 생성 초기에 행성 주변을 회전하고 있던 가스와 먼지 원반에서 생성된 것으로 여겨진다. 위성은 모행성 주위를 가까이 공전하고 있지만, 몇몇 외행성은 상대적으로 먼 거리에서 공전하는 불규칙한 형태의 위성을 가지고 있다.

현재까지 천문학자들은 8개 행성 주위를 돌고 있는 145개의 위성을 확인했고, 이 밖에 27개 이상의 위성은 확인 중이다. 여기에는 5개의 왜소행성인 세레스, 명왕성, 하우메아, 마케마케, 에리스의 주변을 돌고 있는 8개의 위성과 소행성 주변을 돌고 있는 아주 작은 위성은 포함되어 있지 않다.

지구형 행성 중에서 수성과 금성은 위성이 없으며 지구는 1개, 화성에는 2개의 위성이 있다. 반면에 목성형 행성은 강력한 중력에 의해 수많은 위성을 가지고 있다. 확인된 위성과 확인 중인 위성을 포함하여 과학자들은 목성에서 67개, 토성에서 62개, 천왕성에서 27개, 해왕성에서 13개의 위성을 발견하였다.

위성의 크기와 형태는 매우 다양하다. 화성의 위성인 포보스와 데이모스는 구형이 아니라 울퉁불퉁한 모양을 하고 있다. 목성은 태양계에서 가장 큰 위성인 가니메데를 가지고 있다. 사실 가니메데는 가장 작은 행성인 수성보다 8%나 더 크지만 질량은 수성의 45%에 불과하다. 토성의 가장 큰 위성인 타이탄 역시 수성보다 크다. 가장 작은 위성을 생각해 본다면, 수많은 위성이 왜소행성인 명왕성보다 작다. 지름이 겨우 11.3km에 불과한 화성의 위성 데이모스가 태양계에서 가장 작은 위성으로 여겨졌지만, 토성 탐사선 카시니호가 토성 주변을 공전하는 아주 작은 양치기 위성을 비롯하여 아직 이름도 없고 확인이 필요한 여러 개의 위성을 토성 주변에서 발견하였다. 초소형 위성은 위성 혹은 소행성 주위를 도는 작은 위성을 의미한다. 또한 행성의 고리 일부를 형성하고 있는 많은 천체들 역시 초소형 위성으로 간주하기도 한다.

우리의 달은 대략 지구의 1/4 크기이다. 달 착륙 미션으로 우주인이 채취해 온 암석과 토양 샘플을 통해 달의 기원에 대한 통찰력을 가질 수 있게 되었다. 달은 작은 원시행성이 45억 년 전에 지구와 충돌하여 생성되었다는 것이 지배적인 이론이다. 원시행성의 일부 물질은 액체 상태인 지구의 핵과 합쳐졌으며 나머지는 우주로 튕겨 나와 뭉쳐지면서 냉각되어 우리 지구의 유일한 위성이 되었다. 초기에 달은 지구와 지금보다 가까운 곳에서 공전하였지만 오늘날에는 매년 3.4cm씩 지구에서 멀어지고 있다. 달은 지구 조력에 의해 찢어질 수 있기 때문에 지구 반지름의 3배(2만km)보다 가까운 곳에서 생성되지는 않았을 것으로 추측된다. 달이 멀어지는 속도는 대륙 이동과 해양 운동의 영향을 받기 때문에 계속 변화하고 있으며 현재는 점점 늦춰지고 있다.

행성 발견의 역사

인간은 우주가 지구에서 일어나는 여러 사건에 영향을 주었다고 한때 보편적으로 믿어왔으며 현재도 그렇게 믿는 사람들이 있다. 고대 문명에서는 월식이나 일식, 두 행성이 황도상에서 서로 가까이 있는 경우와 같은 천체의 배열과 우리의 삶이 어떤 관련이 있는지 이해하기 위해, 점성술과 천문학이 나란히 발전하였다.

행성(Planet)이라는 단어는 "방랑자"라는 의미를 지닌 그리스어에서 파생되었다. 우리가 알고 있는 가장 오래된 관측 기록은 기원전 1600년에 고대 바빌론에서 작성되었고, 여기에는 행성과 궤도, 식 시간, 그리고 다른 천문학적 데이터가 포함되어 있다. 고대 중국과 메소아메리카, 북유럽 문화에서도 행성을 특별하게 관측하였다. 우선 한 가지 이유는, 행성은 혜성과 유성을 제외하고 하늘에서 움직이며 움직임에 따라 밝기가 변화하고 태양이 지나가는 길을 따라 움직이는 유일한 존재이기 때문이다.

수성, 금성, 화성, 목성과 토성은 고대에도 이미 그 존재를 알고 있었고 관측도 해 왔지만(따라서 많은 문화권에서 초자연적인 힘을 부여하고 있다.), 이 때는 아직 갈릴레오와 코페르니쿠스의 태양 중심설의 시대는 아니었다. 16세기 말에 갈릴레오는 망원경으로 목성의 위성을 관측하여 지구뿐만 아니라 다른 천체를 중심으로 도는 천체가 있음을 입증하였다.

우리 태양계의 8개의 공식 행성 중에서 단지 2개만이 관측을 통해 발견되었다. 다른 6개의 행성은 육안으로도 쉽게 볼 수 있다. 1781년에 윌리엄 허셜 경이 천왕성을 발견하였다. 또한 그는 800개 이상의 이중성과 2,500여 개의 성운이 포함된 목록을 만들었으며, 과학자 중 최초로 우리 은하의 나선팔 구조를 묘사하였다. 영국의 천문학자이자 수학자인 존 쿠치 애덤스는 1843년에 해왕성의 존재를 예측하였고, 1846년 독일의 천문학자 요한 고트프리드 갈레는 프랑스의 수학자 위르뱅 르베리에의 계산 결과를 바탕으로 해왕성의 존재를 확인하였다. 더 이상 행성에 끼지 못하는 명왕성은 천문학자 클라이드 톰보가 1930년에 발견하였으며 천문학자와 우주론자로부터 많은 찬사를 받았다.

태양계 탐사 계획

NASA는 내행성과 외행성의 정보를 수집하기 위해, 1959년 이후 수십 대의 탐사선을 발사해 왔다.

화성 탐사 로봇 오퍼튜니티(Opportunity)와 큐리오시티(Curiosity), 화성 탐사선 메이븐(MAVEN)호(화성의 대기 정보 수집), 오디세이 궤도선과 화성 정찰 위성은 화성의 생명 징후에 관한 정보를 수집해 왔다.

던(Dawn)호는 내행성과 외행성의 중간에 있는 소행성대에 관한 조사를 착수하였으며 왜소행성인 세레스에 관한 자세한 정보를 지구에 전송하였다.

지금까지 9개의 탐사선이 목성을 조사하였고 이 중에서 4개는 토성으로 향했다. 보이저 2호는 천왕성과 해왕성도 탐험하였다. 율리시스호와 뉴호라이즌스호는 태양 주위의 긴 궤도를 따라서 도는 외행성을 지나갔다.

이 수많은 무인 탐사 계획은 장기간에 걸쳐 진행되어 왔다. 갈릴레오호는 8년간 목성 주위를 돌았고 주노호는 2016년에 목성 궤도에 진입하였다. 카시니호는 2004년부터 토성과 그 위성을 탐사하였고, 토성의 위성 엔셀라두스에 바다가 있다는 증거와 같은 가장 놀라운 태양계 사진을 촬영하여 태양계 행성의 아주 자세한 모습을 보여 주었다. 이 우주 탐사선은 엔셀라두스나 타이탄과 같이 혹시나 생명이 있을지도 모르는 토성의 큰 위성이 오염되는 것을 막기 위해 결국 2017년에 토성으로 뛰어들어 추락했다.

1977년에 발사한 보이저 1호와 2호는 NASA에서 가장 장수하고 있는 탐사선이다. 너무나 먼 성간 공간으로 뛰어들기 전에 태양계의 외행성을 탐사했으며, 2017년에 보이저 2호는 우리 태양계를 둘러싸고 있는 거대한 자기 버블이자 항상 불어오는 태양풍의 경계면인 태양권의 2/3 지점에 도달하였다. 특별한 도착지가 있는 것은 아니지만 보이저 2호의 측정 장비들은 아직도 열심히 작동하고 있으며 탐사선의 전파 신호가 끊어질 것으로 예상되는 2020년까지는 여러 가지 정보를 수집해서 전달해 줄 것이다. 탐사 중에 별문제가 없다면 보이저 2호는 29,600년 뒤에 지구에서 8.6광년 떨어져 있는 별, 시리우스를 지나갈 것으로 예상된다.

태양계 너머에는

우리 태양계가 탄생한 초기의 태양 성운은 모두 다 사라져 버렸지만, 천문학자들은 다양한 형성 과정이 진행 중인 여러 항성계를 관측함으로써 우리 태양계의 초기에 어떤 일이 있었는지 이해할 수 있다.

다른 별을 관측한 결과에 기반한 정보를 바탕으로, 과학자들은 지금으로부터 50억 년 뒤에 우리 태양이 별의 진화 과정에서 최종 단계에 있는 죽어가는 별인 적색 거성으로 변할 가능성이 매우 높다고 예측한다. 태양이 적색 거성으로 변하면 지구를 포함한 대부분의 지구형 행성은 파괴될 것이며, 언젠가 태양은 더 이상 에너지를 만들지 못하게 되면서 밀도가 높고 크기가 행성 정도인 백색 왜성으로 줄어들게 될 것이다.

우리 태양계가 임박한 죽음은 상상할 수도 없는 너무나 먼 미래의 일처럼 보인다. 우리 중 어느 누구도 우리 태양이 종말에 직면하는 것을 걱

정할 필요는 없지만, 천문학자는 다른 항성계에 사람이 거주할 수 있는 행성이 있는지 찾으려 노력하고 있다. 1998년 이후로 2,000개 이상의 태양계 밖에 있는 외계 행성을 발견하였으며, 이 중에서 700개가 확인되었다. 대부분 직접 관측에 의한 것보다는 행성이 모행성에 끼치는 중력 효과를 통해 발견하였다.

2009년에 NASA는 백조자리와 거문고자리 부근에서 표면에 물이 있고 인간이 거주할 수 있는 외계 행성을 찾기 위해 태양 주위를 도는 우주 망원경인 케플러 우주 망원경을 발사하였다. 이 망원경은 첫 2년간 생명이 발생할 가능성이 있는 17개의 행성을 발견하였다. 하지만 지금까지 발견한 외계 행성 대부분은 엄청 높은 온도를 가진 거대한 가스 행성이다.

외계 행성 탐색은 아주 어려운 일이다. 멀리 떨어져 있는 것은 물론이고, 행성이 돌고 있는 별에 비해 그 밝기가 수백만 배나 어둡기 때문이다. 하지만 가까운 시일 내에 발사할 제임스 웹 우주 망원경(NASA, 유럽 우주국, 캐나다 우주국이 국제협력)은 보다 새로운 정보를 제공할 것이다. 이 망원경은 6.5m 지름의 주경을 갖춘 커다란 적외선 망원경으로, 천문 현상을 관측하게 된다. 제임스 웹 우주 망원경은 2021년 3월(원문에는 2018년 3월로 되어 있으나 발사가 계속 연기되고 있다. 역자주) 발사할 예정이며 향후 수십 년간 세계에서 가장 중요한 우주 망원경이 될 것이다. 이 망원경은 우주 역사의 각 단계와 생명의 징후를 찾을 수 있을지도 모르는 다른 태양계의 발전을 연구하는 야심찬 목표를 가지고 있다. 제임스 웹 우주 망원경은 외계 행성의 대기에 관한 자세한 정보를 제공할 것이며, 이 정보는 우리 태양계에 포함된 불가사의한 천체와 관련이 있을 것이다.

NASA가 설립된 지 이미 반세기가 흘렀으며 1,000개 이상의 우주 탐사 임무를 수행하였다. 이 수많은 유인 및 무인 탐사 계획을 통해 수백만 장의 사진을 촬영하였고, 현대 천문학의 중요한 난제에 서광을 비추었다. 이 책은 NASA의 기록물에서 가장 아름다운 사진을 선별하였고, 태양으로부터 가장 가까운 수성에서부터 점차 먼 순서대로 행성과 그 위성을 중점으로 다루고 있으며, 태양이나 명왕성, 세레스, 대형 소행성 등 의미 있는 다른 천체에 관한 내용도 포함하고 있다. 이 페이지를 넘기는 순간, 지금껏 보지 못했던 우리 이웃 천체인 행성과 위성의 모습을 보여 주는 태양계로의 시각적인 여행이 시작될 것이다.

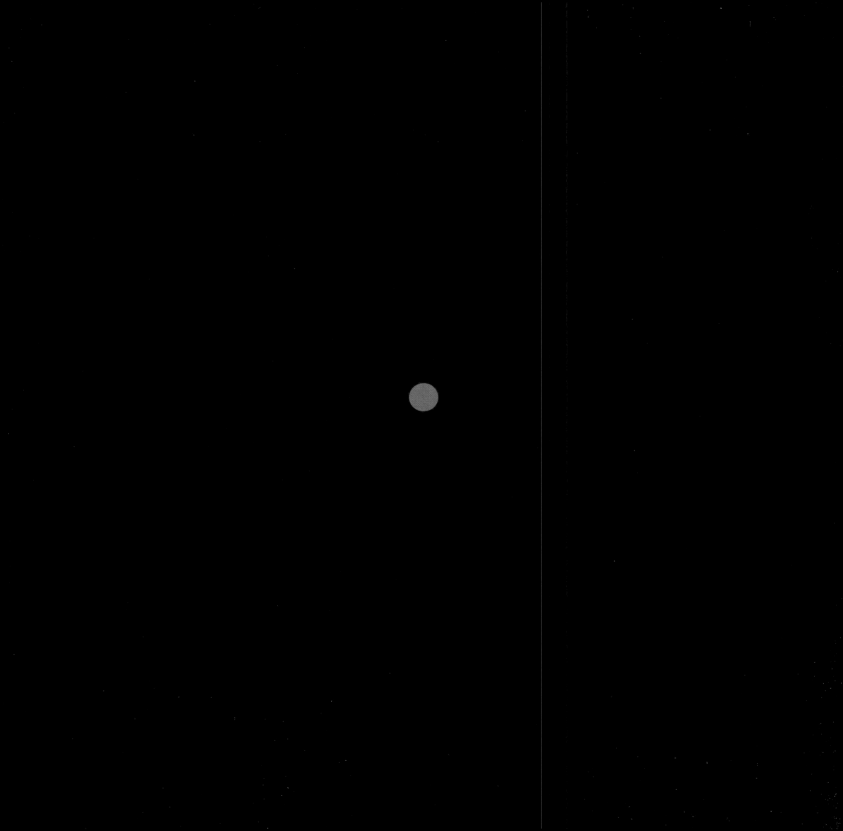

MERCURY

수 성

| 오른쪽 |

수성의 근접 비행 모자이크 이미지

메신저호는 최초로 수성 궤도에 진입한 NASA의 탐사선으로, 메신저(MESSENGER)는 수성 표면, 우주 환경, 지질 화학, 측정(MErcury Surface, Space ENvironment, GEochemistry, and Ranging)의 약자이다. 메신저호는 2011년에 활동을 시작하여 2015년에 수성 표면에 추락할 때까지, 태양에 그슬린 행성의 주위를 돌면서 탐사 활동을 수행하였다. 또한, 몇 년간 임무를 수행하면서 20만 장 이상의 수성 사진을 촬영하여 수성에 얼음이 있다는 증거와 행성 생성 초기에 흘렀던 용암의 흔적, 알 수 없는 원인으로 상쇄된 자기장과 같은 새로운 발견을 이끌었다. 이 고해상도 모자이크 이미지는 2008년 메신저호가 행성의 궤도에 진입하기 전, 최초로 수성에 근접 비행을 하면서 촬영한 것이다. 원래 메신저호를 로켓에 실어 발사한 이유는 수성의 지질과 화학 조성을 연구하기 위해서였다.

| 다음 페이지 |

수성 가장자리 모자이크

행성면의 가장자리를 보여 주는 이 사진은 수성 남반구의 가장자리를 촬영한 것이며, 수성의 대기가 우주의 심연과 만나는 지점을 보여 준다. 2012년 10월에 촬영한 이 이미지는 메신저호에 탑재된 MDIS(Mercury Dual Imaging System, 수성 이중 이미지 시스템)를 통해 촬영하였으며, 가장자리 촬영 계획에 의해 일주일에 한 번씩 MDIS가 이와 같은 가장자리 영상을 촬영하였다. 이를 통해 과학자들은 수성의 형태와 지형에 관한 매우 값진 정보를 얻을 수 있었다. 이 사진에서는 태양의 각도에 의해 더 극적으로 보이는 수성 표면의 그늘진 충돌 크레이터의 두드러진 모습을 볼 수 있다.

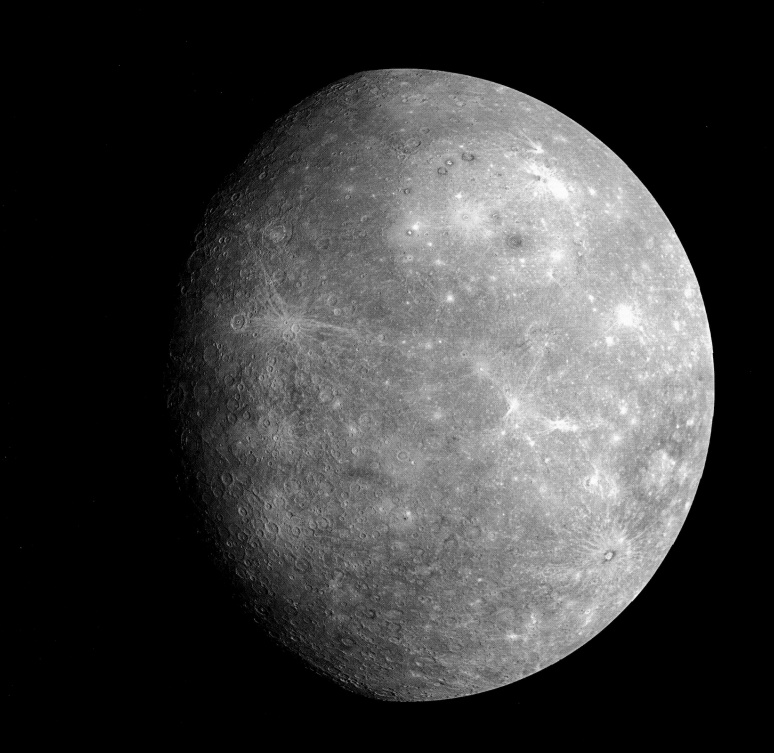

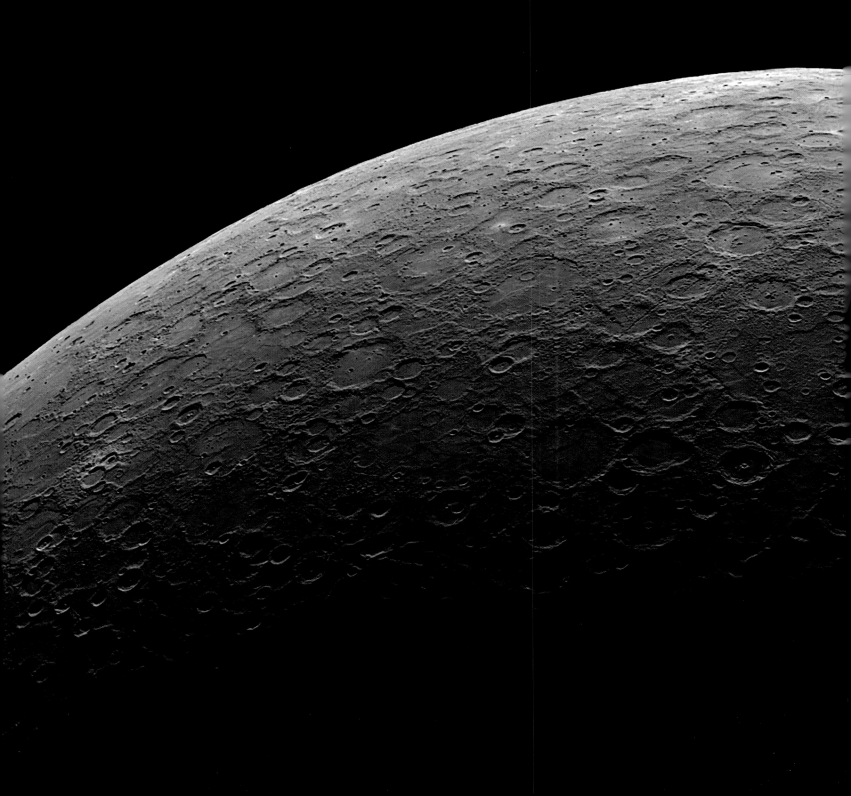

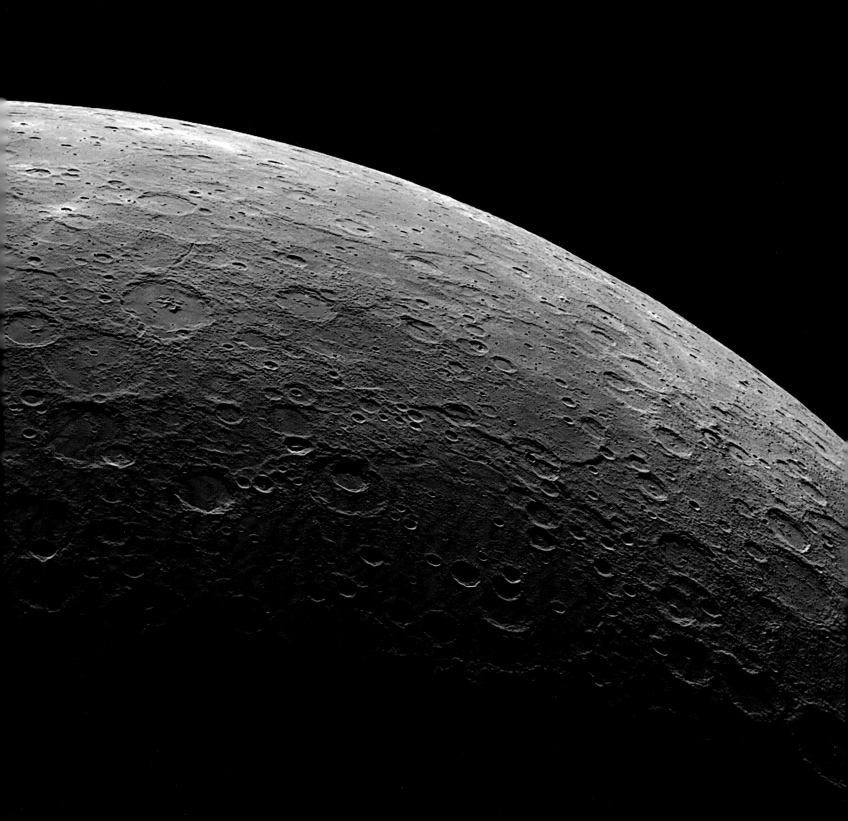

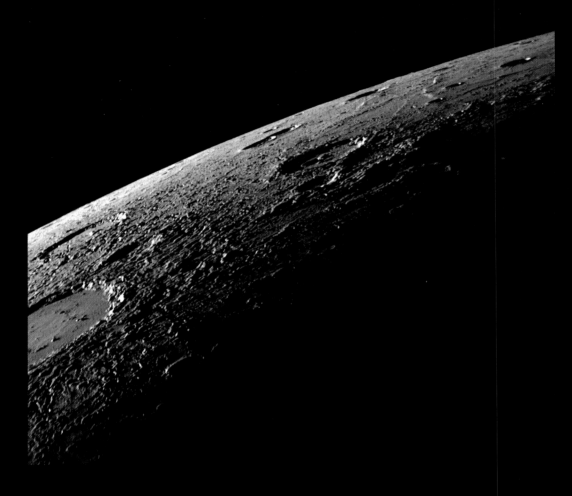

| 위 |

수성의 북쪽 크레이터

2008년 메신저호가 수성을 두 번째로 근접 비행하면서 촬영한 이
이미지에는 수성의 북쪽에 있는 크레이터의 모습이 담겨 있다.

| 오른쪽 |

수성 전체의 모자이크 이미지

메신저호가 2011년 촬영한 수성 전체의 모자이크 이미지. 여러 장의 이미지를 이
용하여 행성의 전체 모습을 보여 주는 모자이크 이미지는 천체 표면의 전체적인
지형을 보여 준다. 수성의 아래쪽에서는 충돌 크레이터 '드뷔시'를 볼 수 있다. 사
방으로 뻗은 광조는 충돌 시 뿜어진 물질로 인해 생성된 것이며, 크레이터 주변의
밝은 선은 지질학적으로 새로 생성된 것임을 나타낸다.

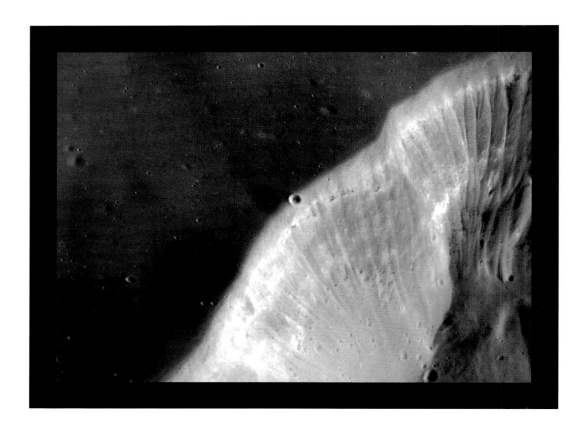

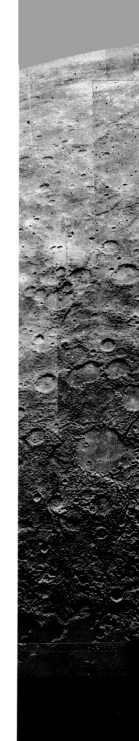

| 위 |

수성의 화산 분출

이 사진은 메신저호에 탑재되어 있는 MDIS의 협시야각 카메라로
촬영하였다. 사진에는 화산 분화구의 절벽과 산사태로 인해 발생
한 줄무늬의 모습이 담겨 있다.

| 오른쪽 |

카이퍼 크레이터

매리너 10호가 촬영한 모자이크 이미지. 매리너 10호는 1974년
9월부터 1975년 3월까지 약 7천여 장의 수성 사진을 촬영하였다.
이미지의 중앙 왼쪽에는 독특한 생김새의, 한눈에 들어오는 광조
가 있는 작은 크기의 카이퍼 크레이터가 있다. 이 크레이터의 이름
은 매리너 10호의 멤버였던 제러드 카이퍼(네덜란드계 미국 천문학자.
카이퍼 벨트로 잘 알려져 있다. 역자주)의 이름에서 따온 것이다.

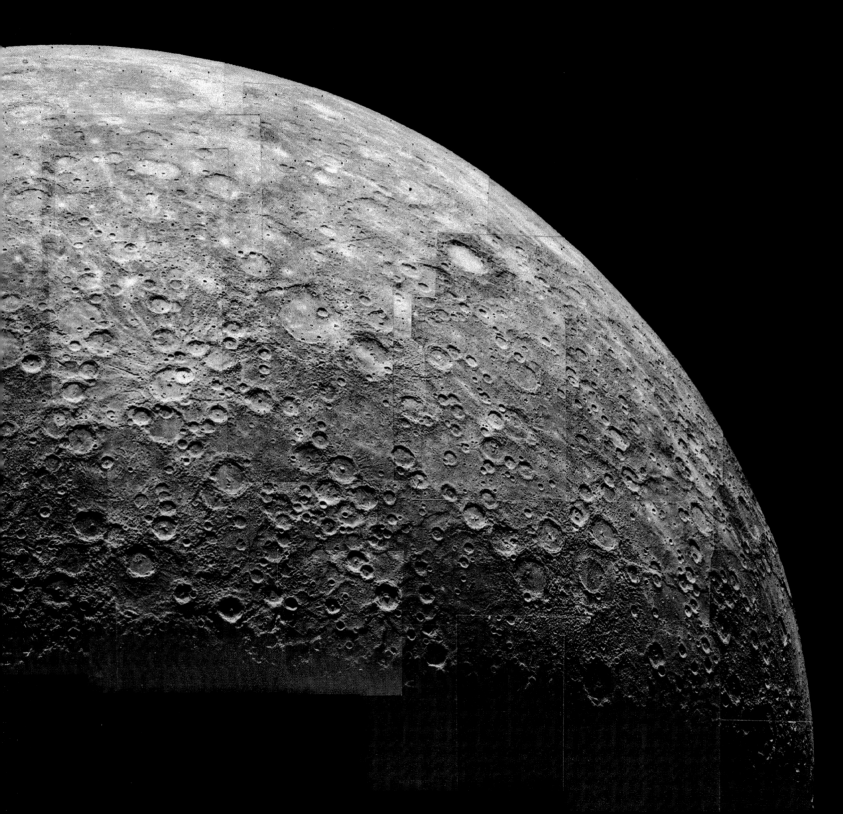

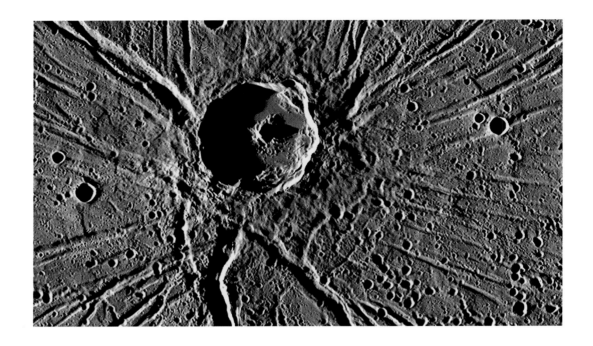

| 위 |

아폴로도로스 크레이터

2008년 메신저호의 첫 번째 근접 비행 중 촬영한 이 사진은 아폴로도로스 크레이터와 크레이터에서 촉수처럼 뻗은 광조의 모습을 보여 준다. 메신저호 팀은 이 크레이터에 "거미"라는 별명을 붙여 주었다.

| 오른쪽 |

칼로리스 분지 모자이크

2014년에 메신저호가 촬영한 색상을 강조한 이 모자이크 이미지의 중심에는 칼로리스 분지의 모습이 담겨 있다. 이 충돌 크레이터는 수성에서 가장 규모가 크다. 칼로리스 분지는 용암이 흐른 흔적(주황색)과 원래부터 분지의 바닥을 구성하고 있었던 반사율이 낮은 물질(파란색)이 있다는 지형학적 특징을 가지고 있다. 주황색으로 표현된 화산 분출 층의 두께는 약 2.5~3.5km이다. 칼로리스 분지에는 커다란 아폴로도로스 크레이터(이미지 중앙)가 포함되어 있으며, 비교적 평평한 평원에 동심원 형태의 산등성이로 둘러싸여 있다. 이 산등성이는 운석 충돌 후 발생한 화산 활동에 의해 형성되었다.

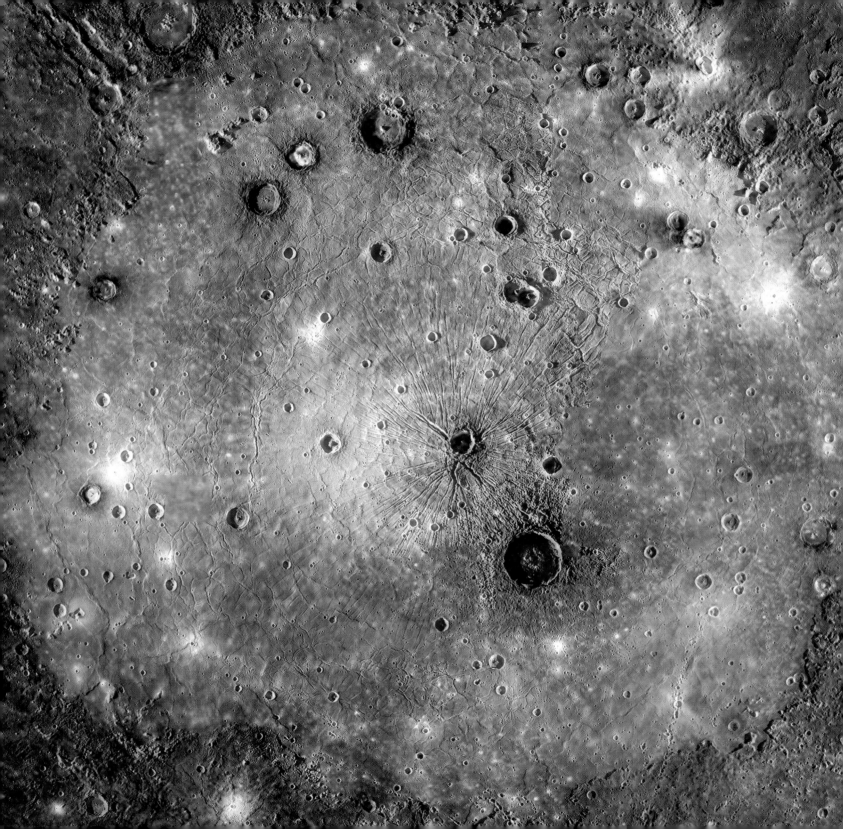

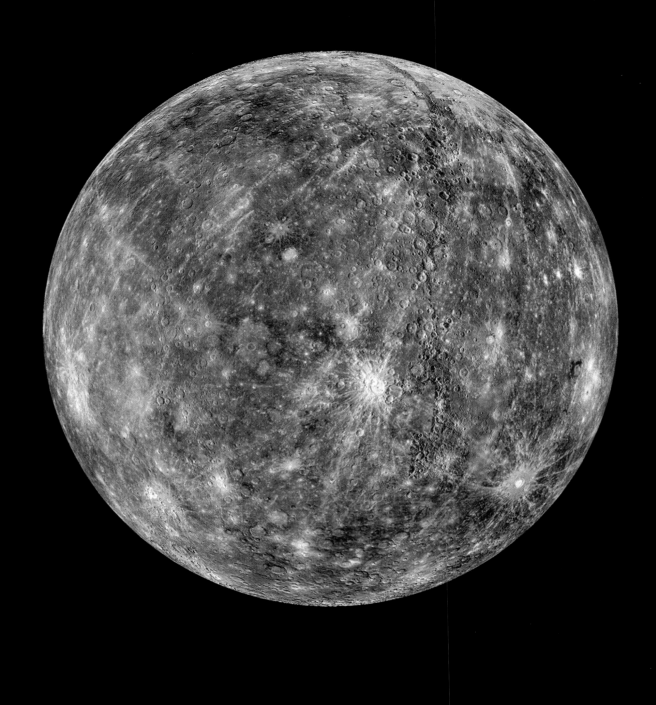

수성의 컬러 지도

이 이미지는 메신저호의 컬러 지도 작성 캠페인의 일환으로 촬영한 이미지를 조합한 것이다. 이 사진에 나와 있는 여러 색상은 수성 표면의 화학적, 생리학적, 광물학적인 다양성을 나타낸다. 수성은 태양계에서 가장 작은 행성이며, 그 밀도는 지구에 이어 두 번째로 높다. 거대한 액체 상태의 금속으로 이루어진 수성 핵의 반지름은 1,770~1,930km이다. 대부분 철로 구성된 수성의 핵은 활발하게 활동하는 자기장을 형성하며, 자기장은 끊임없이 태양풍과 상호작용하여 수성의 옅은 대기를 유지하는 데 기여하고 있다.

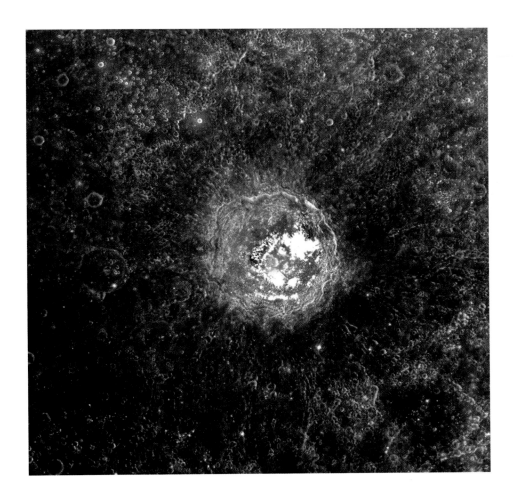

| 위 |

티야가라자 크레이터

2013년, 메신저호가 촬영한 색상을 강조한 이 이미지는 수성의 티야가라자 크레이터의 모습을 보여 준다. 이 크레이터는 강력한 태양풍으로 인해 형성되었다고 여겨지는 거대한 규모의 신비한 구멍을 가지고 있다. 크레이터 내부에 보이는 흰색 지역이 구멍이며, 크레이터의 중앙에 빨간색 점으로 나타난 부분은 화산 분출물이 빠져나온 구멍을 형성하는 물질, 즉 가스가 고속으로 지표면을 훑고 지나간 지역일 가능성이 높다. 구멍 주변의 어두운 부분은 크레이터 바닥의 반사율이 낮은 물질이다.

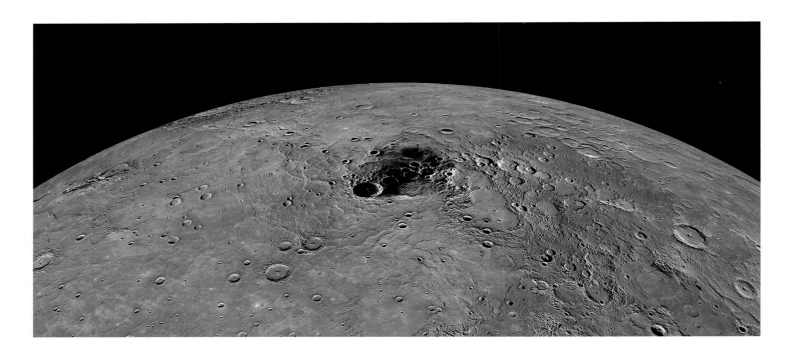

| 위 |

수성의 북극

수성의 전체 모자이크 이미지를 직교 투사도(3차원의 공간을 평면에 투사하여 2차원으로 표현한 그림)로 표현한 수성의 북극. 메신저호가 촬영한 이 이미지는 수성이 수직으로 자전을 유지한 이래 항상 태양 빛을 받는 곳과 빛을 받지 않는 곳이 어떤 모습인지 보여 준다.

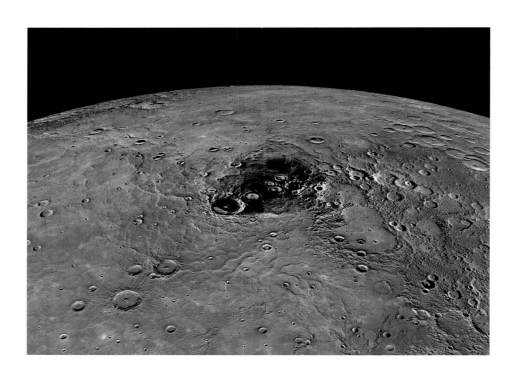

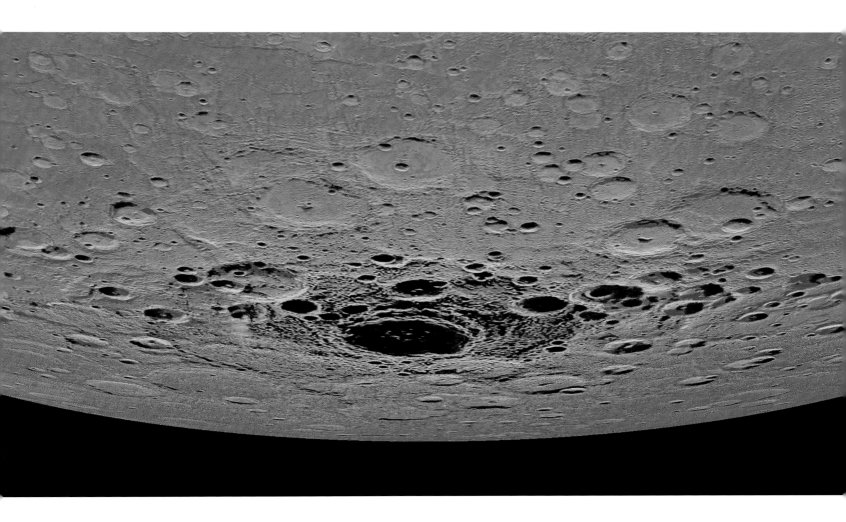

| 왼쪽 |

얼음이 있는 크레이터

수성의 북극에 노란색으로 표시된 지역은 얼음 형태의 물이 있음
을 의미한다. 수성에 얼음이 존재한다는 사실은 지구에서의 레이
더 관측에서 확인된 바 있으며, 2015년에 메신저호의 근접 비행을
통해 새로운 데이터를 수집하였다.

| 위 |

수성의 남극

수성 남극의 직교 투사 이미지는 태양이 어느 지역까지 비추는지 대략적인 정도를
보여 준다. 검은색은 영구적인 음영 지역을 의미하며, 중앙에 있는 가장 넓은 음영
부분은 조맹부라는 이름의 크레이터이다.

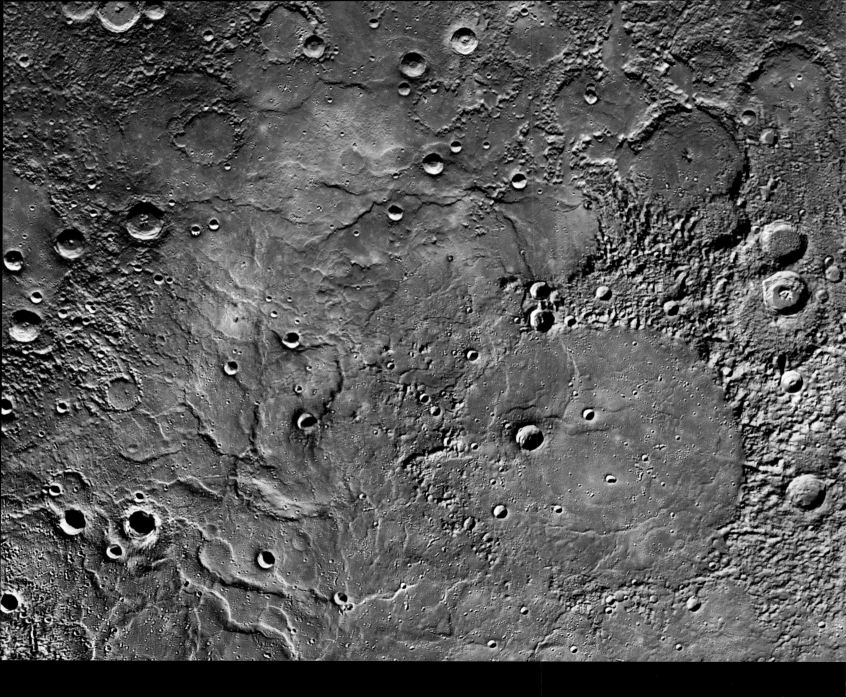

| 왼쪽 |

수성의 화산 평원 지대

메신저호가 촬영한 색상을 강조한 이 이미지는 수성의 북반구에 있는 화산 작용에 의해 만들어진 장대한 평원을 보여 준다. 이미지의 오른쪽 아래에는 멘델스존 충돌 평원을 볼 수 있으며, 그 지름은 291km에 달한다. 커다란 주름처럼 보이는 지형은 용암이 식은 흔적이며 왼쪽 아래의 가장자리가 둥근 지형은 용암에 덮인 충돌 크레이터다. 이미지 윗부분에 있는 밝은 주황색 지역은 가스 혼합물이 빠른 속도로 분출한 흔적이다.

| 오른쪽 |

칼로리스 분지

선명하면서도 색상을 강조한 이 모자이크 이미지는 2011년 메신저호가 1년짜리 장기 주요 임무를 수행하면서 촬영하였으며, 칼로리스 분지의 북서쪽 지역을 보여 준다. 파란색은 크레이터, 주황색은 화산 평원 지대를 의미한다.

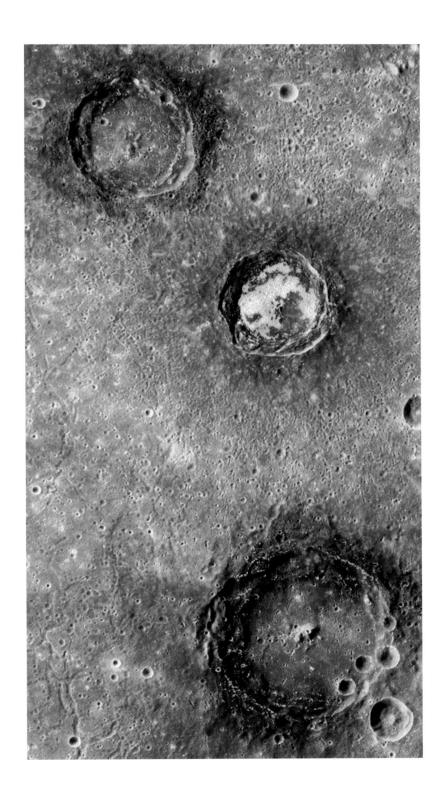

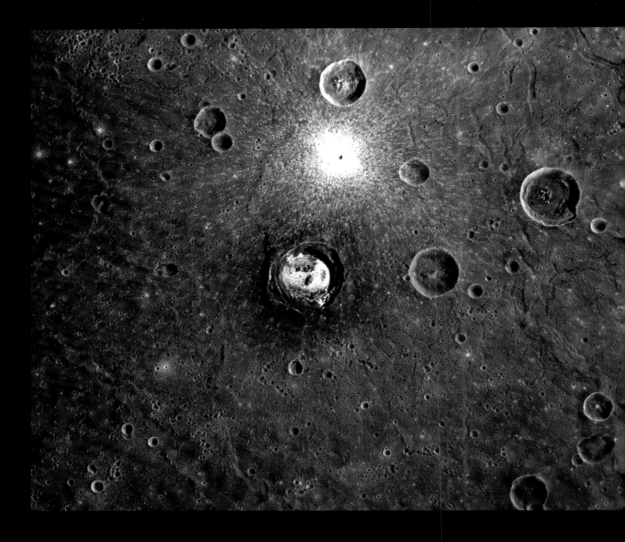

케르테츠 크레이터의 바닥

2013년에 메신저호가 촬영한 색상 강조 이미지는 수성의 거대한 칼로리스 분지의 서쪽 지역에 위치하고 있는 케르테츠 크레이터 바닥의 밝고 불규칙한 중심부의 모습을 보여 준다. 처음에 과학자들은 이 반짝이는 중심부에 물이 언 얼음(수성의 극 지역 근처에 있는, 얼음이 있는 크레이터와 비슷한 모습)이 있다고 생각하였으나, 사실 이곳은 수성의 저위도 지역이라 낮 시간에 온도가 뜨겁게 달아올라 암석이 기화한 것이라는 이론이 제시되었다.

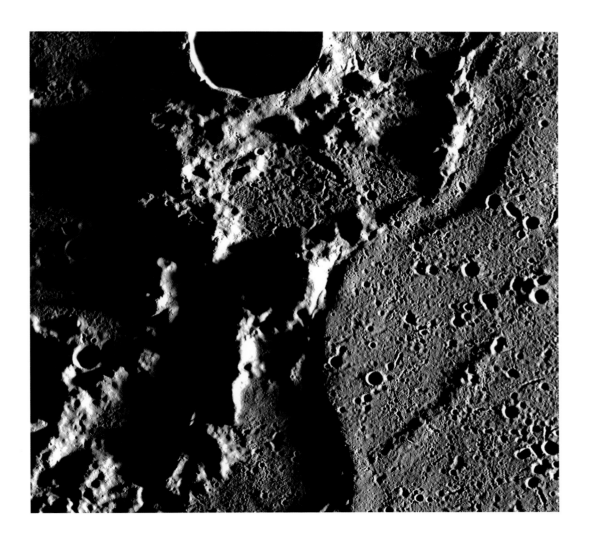

괴테 분지

메신저호가 촬영한 수성의 괴테 충돌 분지는 태양이 수성의 지평선에 낮게 걸쳐 있을 때 촬영하여,
드라마틱한 그림자와 그 주변을 둘러싼 지형의 극명한 묘사가 가능하였다.

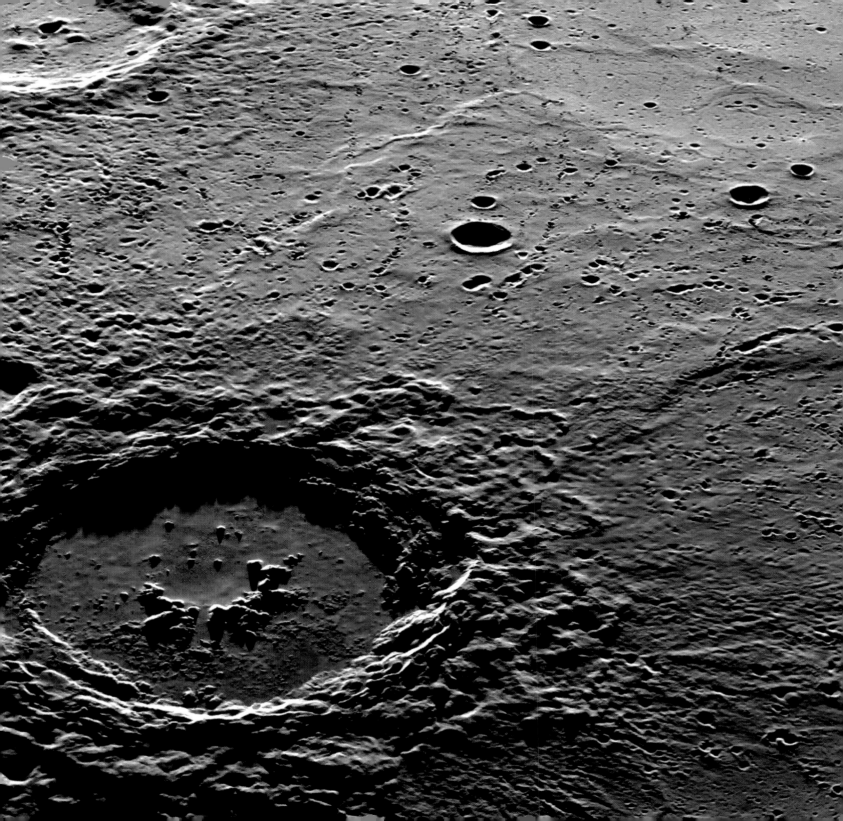

| 왼쪽 |

호쿠사이 크레이터

2013년에 메신저호가 촬영한 이 이미지 전경에는 수성의 표면을
가로지르는 커다란 충돌 크레이터인 호쿠사이가 있다. 수성에서
는 비교적 어린 크레이터이며, 광조가 1,000km 이상 뻗어 있다.

| 위 |

아베딘 크레이터

2015년에 메신저호가 촬영한 이미지들로 구성된 이 모자이크에서
아베딘 크레이터의 바닥 표면을 볼 수 있다. 이 크레이터는 충돌
시 녹은 암석으로 덮여 있으며, 암석이 냉각되면서 눈으로 볼 수
있는 균열이 생성되었다.

| 오른쪽 |

반 아이크 크레이터

2014년에 메신저호가 촬영한 이 이미지는 반 아이크 크레이터의
복잡한 지형을 보여 준다. 과학자들은 이 크레이터가 수성 표면에
서 가장 큰 단일 지형인 칼로리스 분지가 생성된 것과 동일하게
태양계 생성 시 운석 충돌로 생겼다고 믿고 있다.

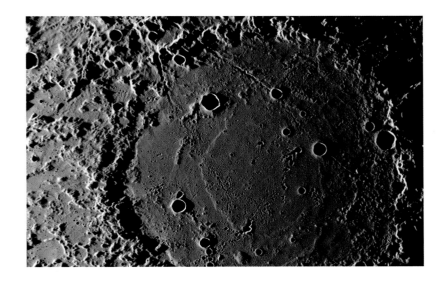

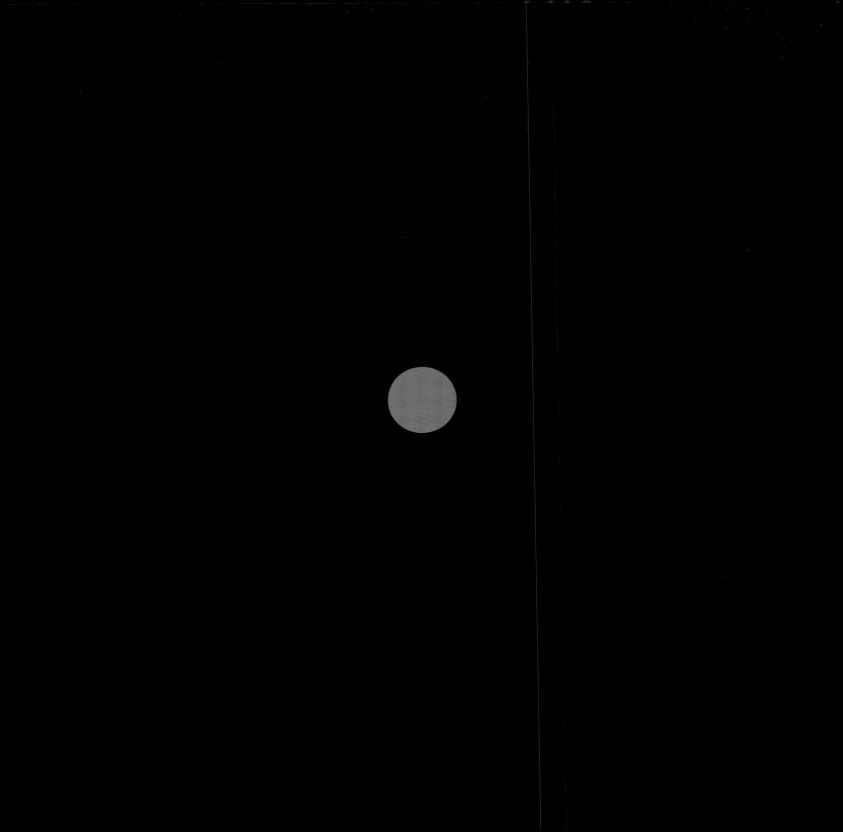

VENUS

금 성

금성의 태양면 통과

이미지 오른쪽 위에서 금성이 태양면을 통과하면서 생긴 실루엣을 볼 수 있다. 이 이미지는 2012년 6월 5일과 6일에 SDO(Solar Dynamics Observatory, 태양 활동 관측 위성)가 촬영하였다. 이 현상은 105년 혹은 121년 주기로 8년의 기간 이내에 2번 나타나며, 다음 금성의 태양면 통과는 2117년이다.

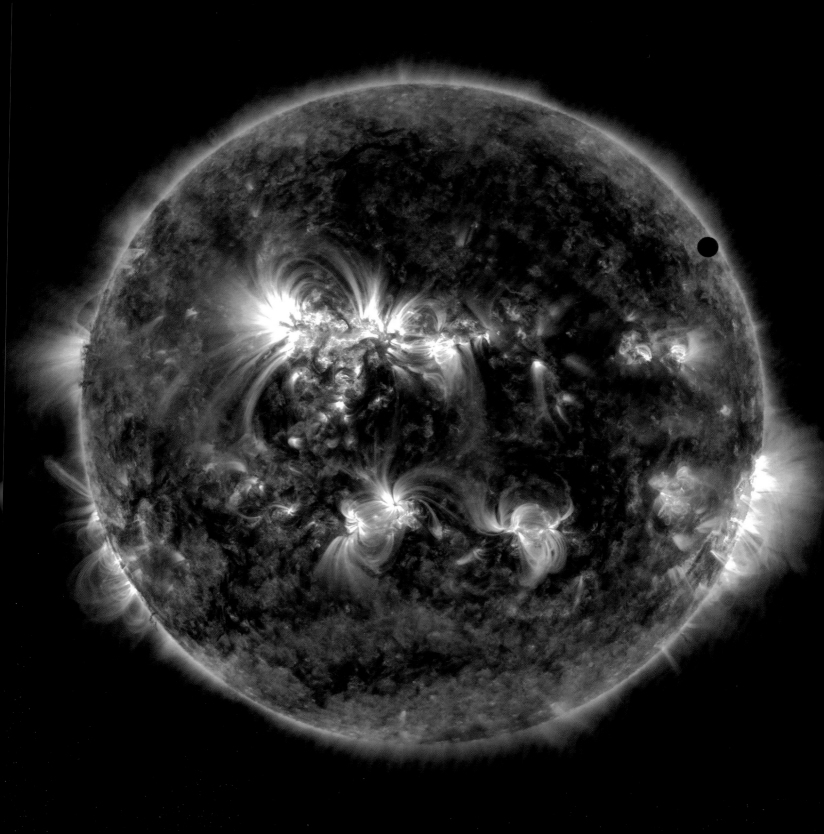

| 위 |

아주 드물게 나타나는 금성의 태양면 통과

금성이 태양면을 통과하는 모습은 드물게 일어나는 장관으로,
이 사진은 2012년 태양 관측 위성 히노데가 촬영하였다.

| 왼쪽 |

금성의 태양면 통과를 확대 촬영한 모습

최근 금성의 태양면 통과는 2012년에 일어났다. 이와 쌍으로 발생하는 2004년 이전에 발생한 태양면 통과 모습을
지상에서 육안으로 본 사람은 아무도 남아 있지 않으며, 오로지 희미한 스케치와 거친 사진으로만 그 기록이 남아
있을 뿐이다. 망원경이 없던 시절에는 금성이 태양면을 통과하는 시간을 예측하기가 매우 힘들었다. 나쁜 날씨와
금성 대기의 흐릿함으로 인해 과학자들이 정확한 계산을 하기가 어려웠기 때문이다. 사실 카메라를 통해 태양계
의 정확한 크기를 측정하기 시작한 1800년대 후반까지는 금성이 태양면을 지나가는 정확한 시간을 알 수 없었다.

| 위 |

황산 구름

금성의 대기에 높이 떠 있는 황산 구름의 모습을
1990년 2월 14일, 갈릴레오호가 보라색 필터로 촬
영하였다.

| 오른쪽 |

금성의 구름

2007년, 메신저호가 금성을 지나가면서 탐사선에 탑재된
이중 이미지 시스템 카메라로 촬영한 금성의 구름.

| 위 |

금성의 구름

금성의 어두운 주황색 구름 상층부의 모습은 1979년에
파이오니어 비너스호가 자외선 촬영을 하였다.

| 오른쪽 |

시프 산

금성의 커다란 화산인 시프 산에서 분출한 용암
이 흐른 흔적을 마젤란호가 촬영하였다. 과학자
들은 사진 배경의 검은색 평원이 화산 분출로 인
해 생성되었다고 생각한다.

금성의 전체 모습

금성의 전체적인 모습을 담은 이 모자이크 이미지는 1996년에 마젤란호가 촬영한 이미지를 이용하여 제작하였으며, 구소련 금성 탐사선 베네라 13호와 14호가 촬영한 이미지를 이용하여 가상으로 채색하였다. 마젤란호는 1990년에 금성 궤도에 진입하여 지형 측정을 시작하였으며, 금성 표면 위를 지나갈 때마다 폭 26km, 길이 16,100km에 달하는 지역의 정보를 수집하였다. 마젤란 계획의 과학자들은 특히 금성 지표면의 나이, 지표면을 구성하고 있는 광물의 조성, 주요 지질학적 변화 과정, 표면의 형태, 침식 과정, 지표면 내부의 프로세스가 표면의 형상에 끼친 영향과 항상 있었던 질문인 금성 표면에 물이 흐르는가에 관한 정보를 찾으려 노력하였다.

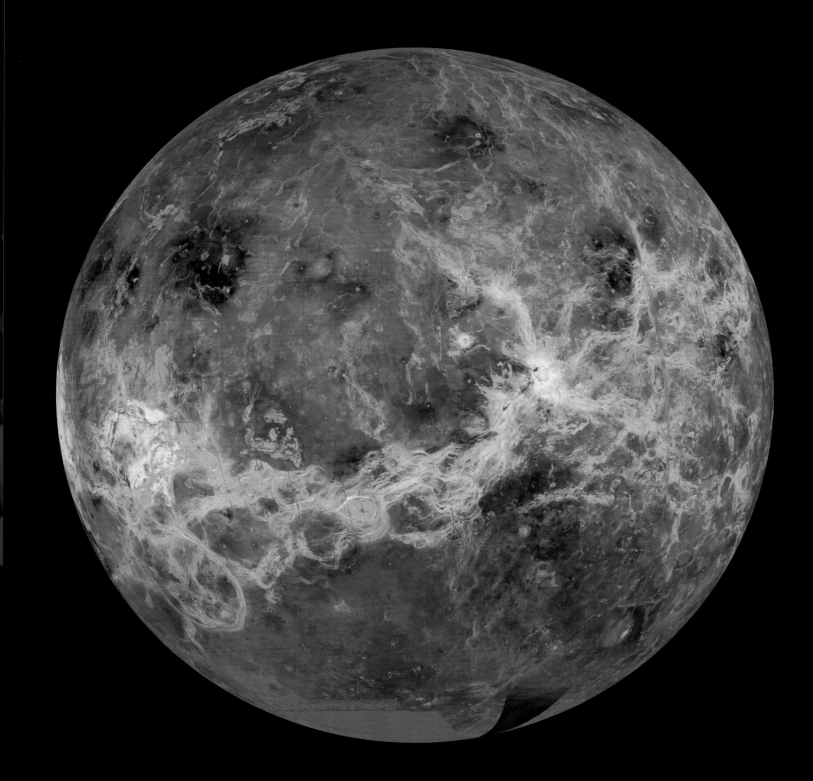

| 오른쪽 |

테세라

마젤란 계획의 두 번째 주기 동안 수집한 레이더 데이터를 기반으로 1992년에 제작한 이미지. 테세라라는 이름을 가진 밝은색의 고원 지대는 평원에서 튀어나온 듯한 모습을 하고 있는 오래된 지형이다. 테세라는 금성 지각에서 나온 두꺼운 물질로 생각되며 금성 표면의 15% 정도를 차지하고 있다.

| 다음 페이지 |

사파스 산

컴퓨터가 만들어 낸 이 3차원의 이미지는 1992년 마젤란 계획에서 제작한 동영상을 바탕으로 JPL(제트 추진 연구소)의 다목적 이미지 처리 연구실과 태양계 시각화 프로젝트에 의해 만들어졌다. 이 이미지에는 금성의 적도 지방에 있는 아틀라 레지오 지역의 커다란 화산인 사파스 산의 모습이 담겨 있다. 색상은 베네라 13호와 14호가 촬영한 이미지를 이용하여 가상으로 채색하였다.

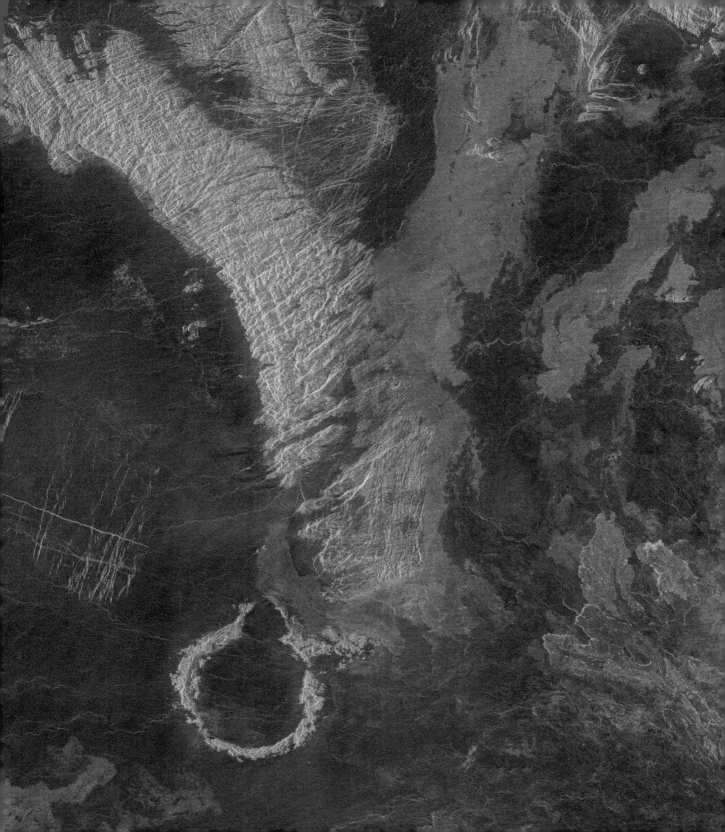

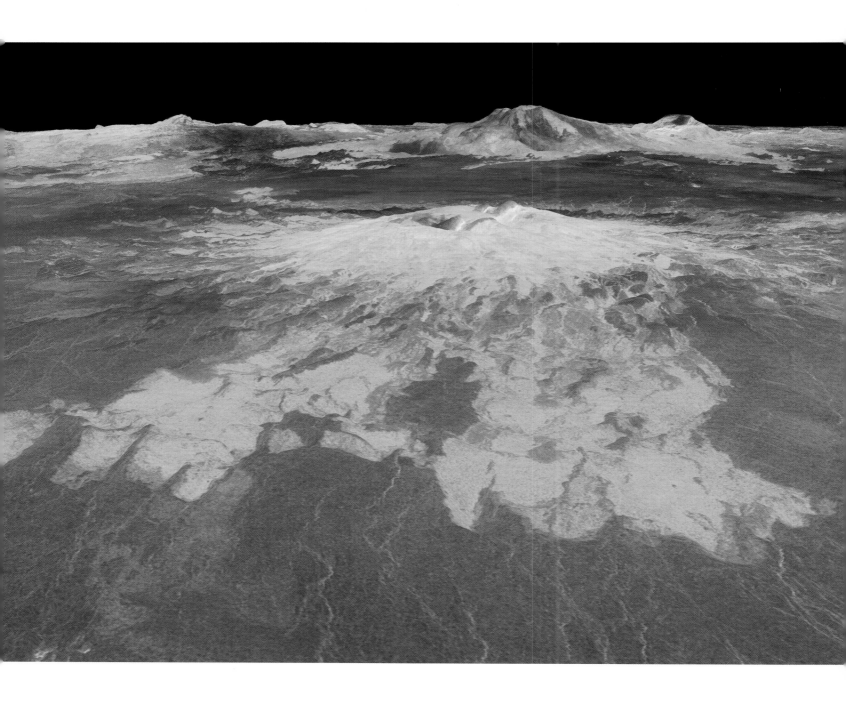

금성의 반구

색상을 강조한 이 금성 지도는 약 10년간 금성에 대해 실시한 레이더 조사를 종합하여 작성하였다. 이 지도 작성의 중심에는 1990년부터 1994년까지의 마젤란 탐사선 계획이 있었다. 마젤란호는 금성의 98%에 해당하는 지역의 이미지를 촬영하였으며, 촬영을 못 한 지역의 모습은 푸에르토리코에 있는 아레시보 천문대에서 관측한 금성의 영상으로 보충하였다. 이 지도의 색상은 금성 표면의 높낮이와 화학적 조성의 대비를 보여 준다.

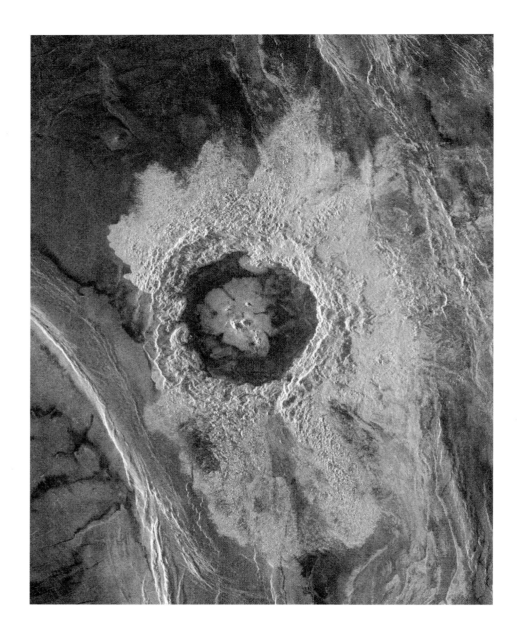

| 왼쪽 |

디킨슨 크레이터

마젤란호가 1996년에 촬영한 이 이미지는 디킨슨 크레이터의 모습을 드러냈다. 디킨슨 크레이터의 지름은 69km이며, 운석 충돌로 인해 화산이 폭발했을 때 분출된 것으로 추정되는 용암이 흐른 흔적을 볼 수 있다.

| 오른쪽 |

사파스 산의 용암 흔적

1991년에 마젤란호가 촬영한 가상색 이미지에는 사파스 산의 모습이 담겨 있다. 이 산은 약 650km에 걸쳐 있으며, 산의 정상보다는 측면에서 분출되어 흐른 것으로 추정되는 밝은 용암 흔적이 보인다.

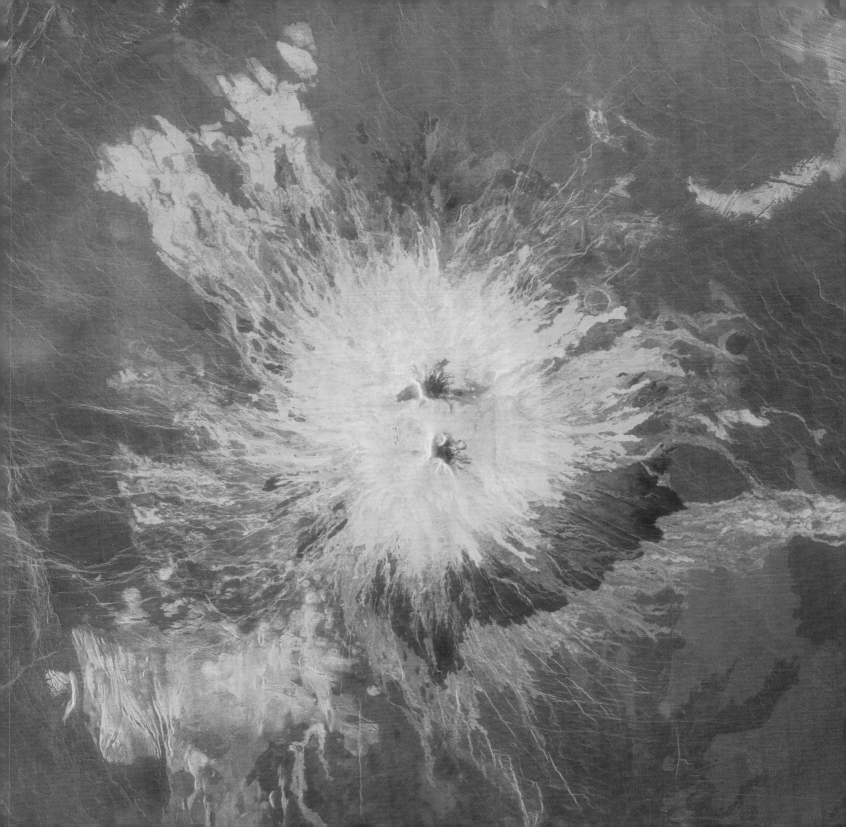

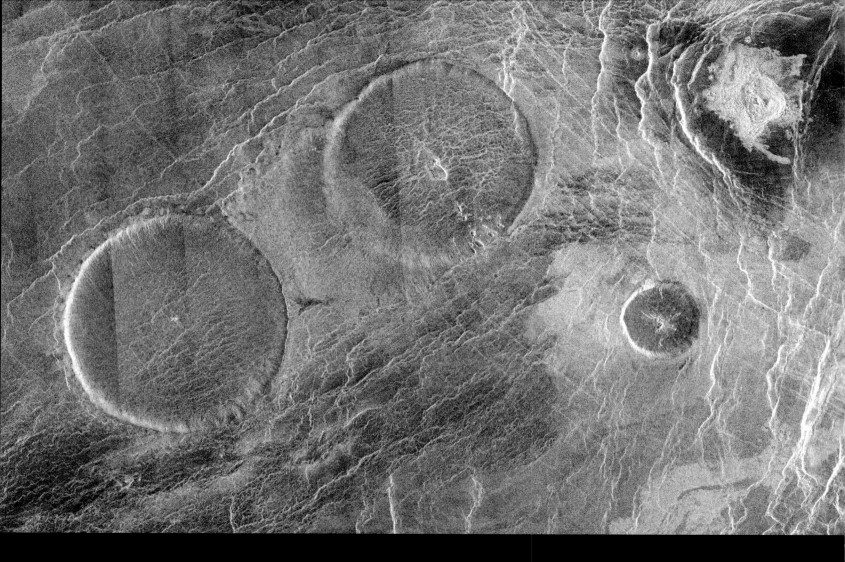

금성의 에이스틀라 지역

마젤란호가 촬영한 금성의 에이스틀라 지역의 모자이크 이미지에는 두껍게 고여 있던
용암이 식고 변형되어 생성된 "팬케이크" 형태의 돔 지형이 나타나 있다.

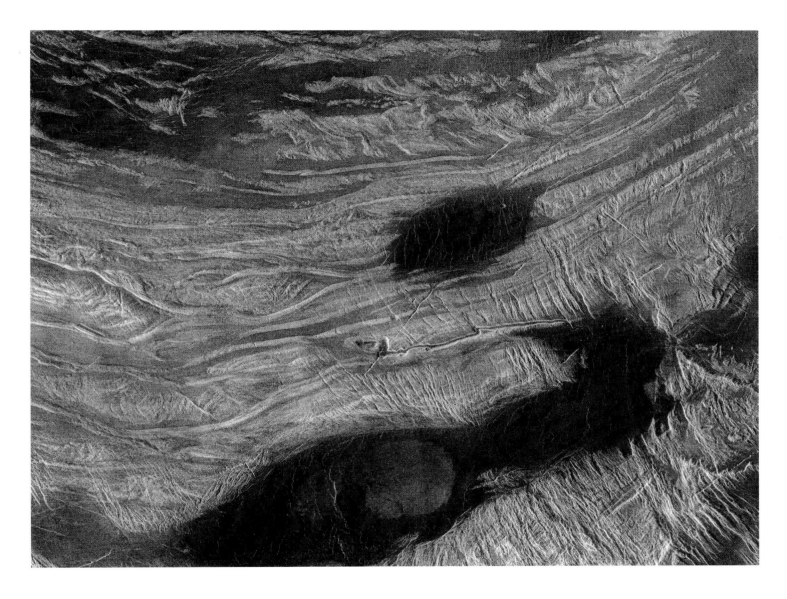

오브다 지역

1990년에 마젤란호가 촬영한 이 이미지는 대륙 크기의 3개의 고원 지역 중에서 가장 거대한 아프로디테 고원의 중심부인 적도 오브다 지역의 북쪽 경계면을 보여 주고 있다. 이 고원 지대는 거대하게 굽이치는 산등성이와 울퉁불퉁하게 보이는 저지대가 특징이며, 이미지상에 넓고 어둡게 나와 있는 부분은 격렬한 지각 활동에 의해 형성된 후 용암으로 메꿔진 것으로 추정된다. 사진에서 동서 방향으로 뻗어 있는 산등성이의 폭은 약 8∼15km, 길이는 약 32∼64km이다.

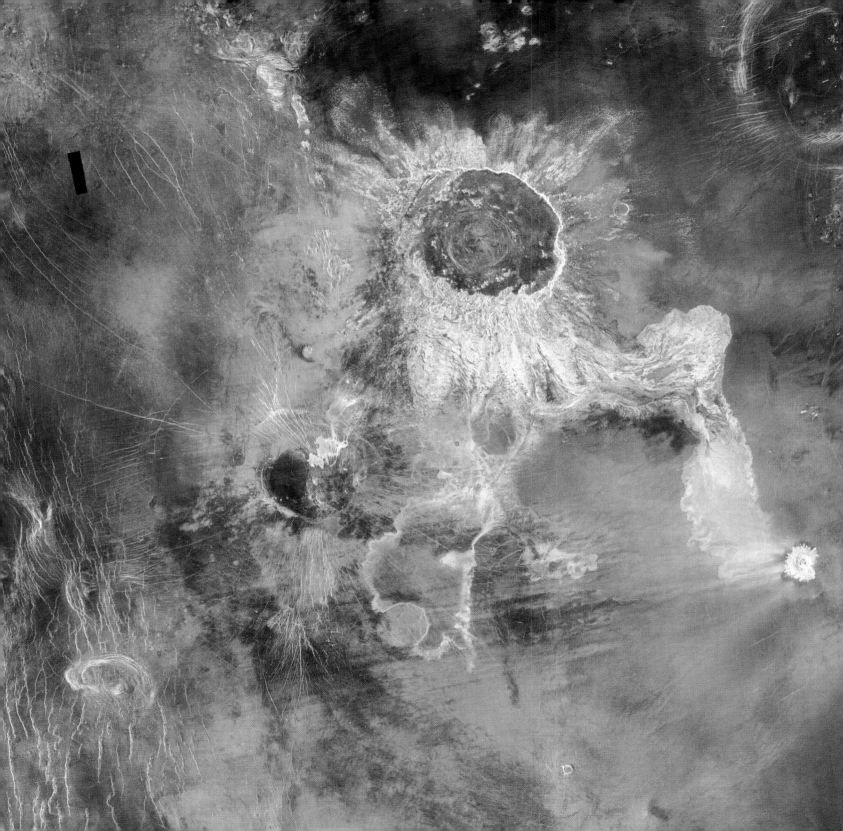

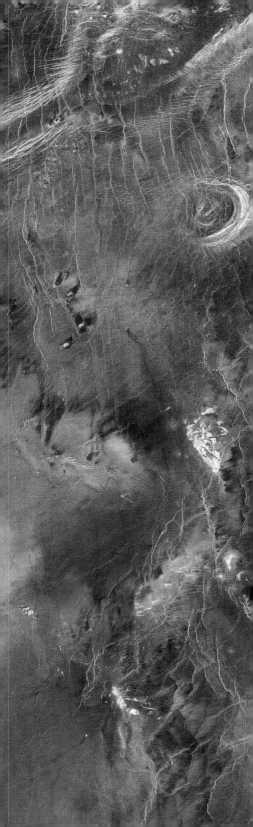

EARTH
지구

달 궤도

북미 대륙의 서부 해안으로부터 161,000km 떨어진 곳에서 하이 앵글로 촬영한 이 이미지는 1969년 아폴로 10호에서 촬영하였다. 아폴로 10호는 달 주위를 공전한 최초의 유인 우주선으로, 실제 착륙을 제외한 달 착륙과 관련된 모든 사항을 점검하는 임무를 띠고 있었다. 여기에 탑승하고 있던 우주비행사는 달 환경에서 달 모듈 시스템의 동작을 검증하는 데 주안점을 두고 있긴 했지만, 지구 사진을 촬영하는 임무도 있었다.

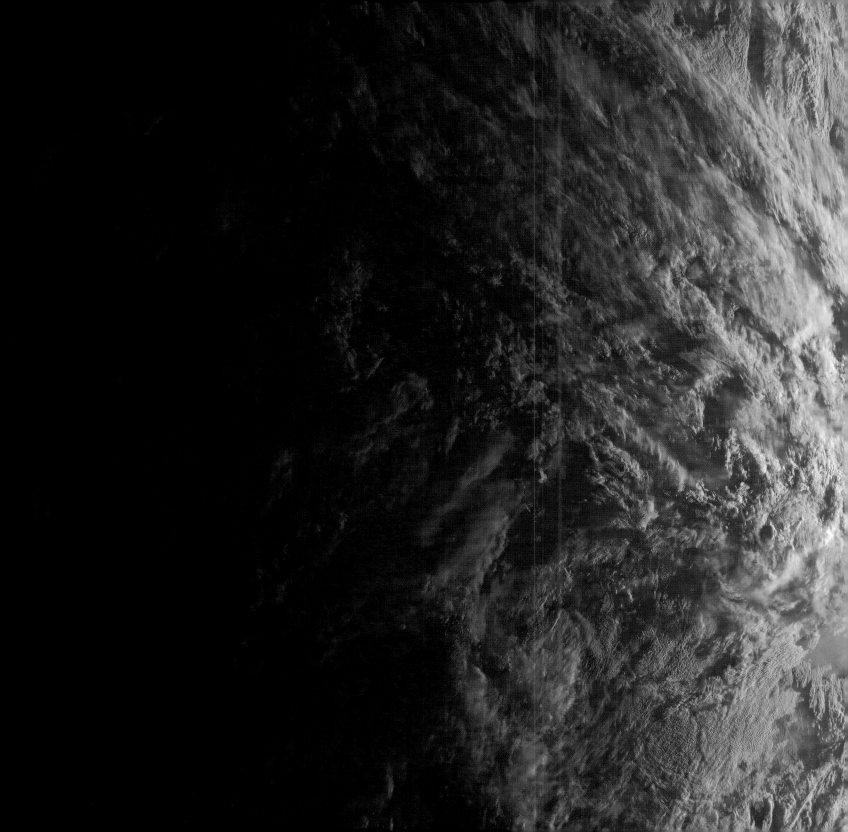

| 왼쪽 |

남태평양을 뒤덮은 구름

ISS에서 2016년 8월에 촬영한 이 사진에는 1년 내내 비가 오고 구름에 덮여 있는 칠레 해안가의 모습이 담겨 있다. 이 사진은 우주비행사가 지구 주위를 통과하면서 묘사한 조망 효과(Overview Effect: 삶에서 엄청난 경험을 한 후 가치관이 변하게 되는 현상. 역자 주), 경외감, 변형 및 상호작용 경험의 예를 제시하고 있다. 철학자이자 우주 작가인 프랭크 화이트는 1970년대에 비행기로 전국을 비행한 후 이 용어를 사용하기 시작하였다. "우주 정거장에 살거나 달에 사는 사람은 언제나 조망 효과를 느낄 것"이며 "그들은 우리가 알고 있지만 경험하지 못한 것 즉, 지구는 하나의 시스템이며 우리는 그 시스템의 일부이고 거기에는 어떤 통합과 일관성이 있다는 것을 본다."라고 화이트는 말했다.

| 다음 페이지 |

푸른 카리브해

2014년 12월에 ISS에서 촬영한 파노라마 이미지는 카리브해의 섬을 보여 준다. 왼쪽 위에는 플로리다 반도의 끝부분이 보이며 중앙에는 바하마, 왼쪽 아래에는 쿠바가 있다.

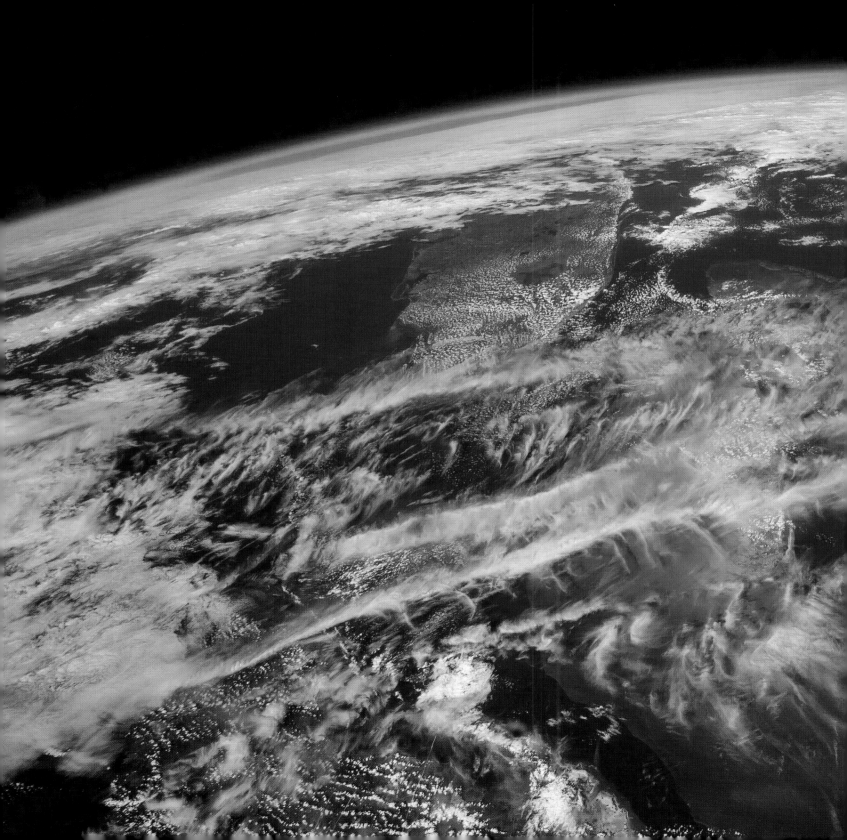

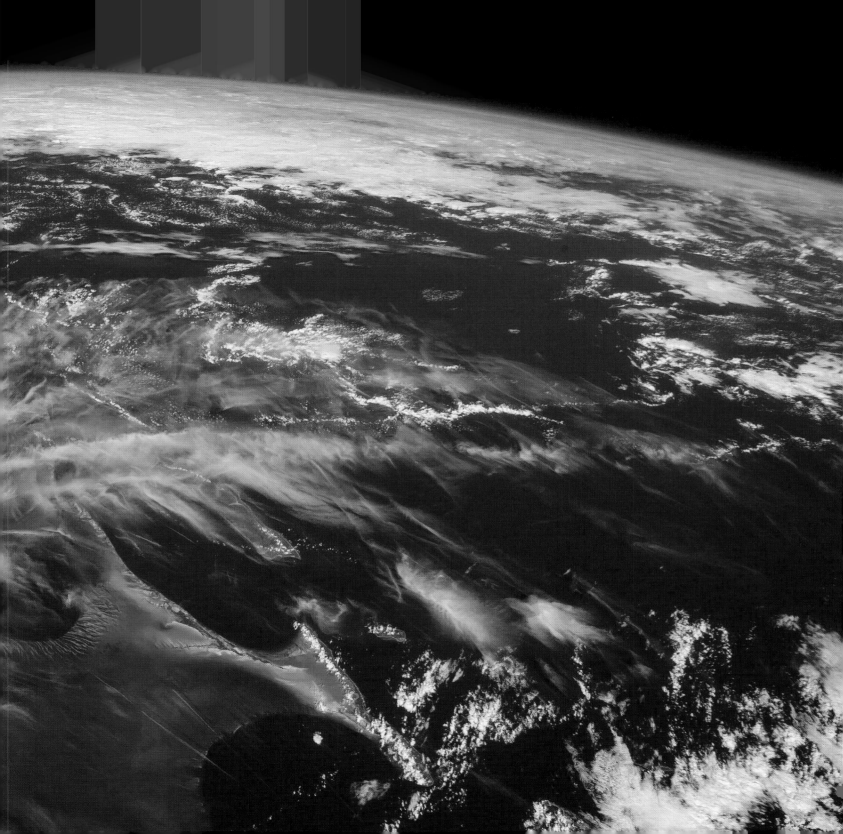

미국 중서부 지방 봄날의 구름

2016년 5월 21일, ISS에서 미국 다코타주와 미네소타주의 경계 지역을
궤도 비행하면서 촬영한 사진. 구름과 대기의 흐름을 볼 수 있다.

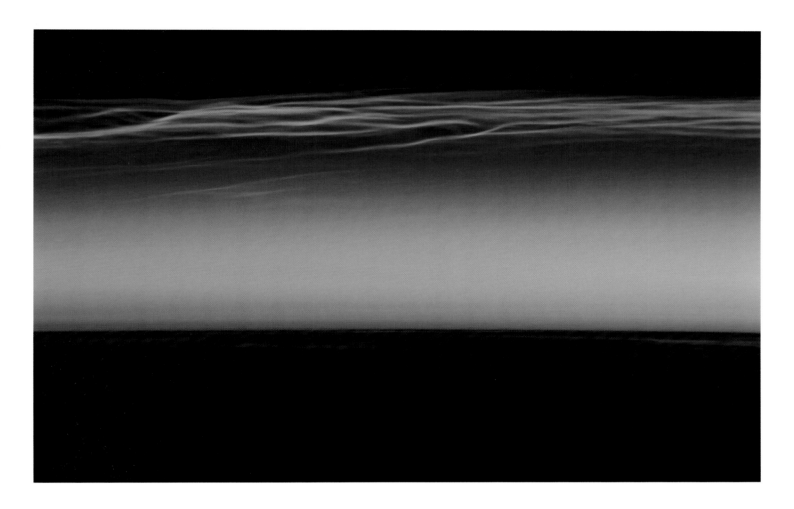

극 중간권 구름

이 선명한 이미지에서 야광운의 모습을 볼 수 있다. 야광운은 밤에 빛나는 구름과 같은 현상으로 극 중간권 구름으로도 알려져 있다. 이 이미지는 2012년 6월에 ISS가 티벳 상공을 지나면서 촬영하였다. 야광운은 늦은 봄과 이른 여름 사이에 북반구와 남반구 그리고 지상과 하늘에서 모두 볼 수 있다. 때로는 밝은 필라멘트 부분이 우주의 어둠과 대항하는 것처럼 보이곤 한다. 과학자들은 야광운이 유성의 먼지 입자에 의해 생성된 얼음 결정으로 구성되어 있다고 생각한다. 이 구름은 여름에 온도가 낮을 때. 극지방 중간권의 온도가 매우 낮은 상황에서 형성된다. 중간권은 성층권 바로 위 그리고 중간권 계면 바로 아래에 존재하는 지구의 대기층이며, 대기 온도가 급격하게 올라가다가 줄어들기 시작하는 지점이 그 경계 지점이다. 태양이 지평선으로 사라진 직후에 야광운이 태양 빛을 받게 되면 빛나기 시작한다. 이 이미지에서는 지평선 가까이에 있는 대기의 가장 낮은 부분에서 희미한 주황색을 띠고 있는 성층권을 볼 수 있다.

허리케인 이반

NASA의 우주비행사 에드워드 M. 핀케가 2004년 9월에 카리브해에 있는 풍속 257km/h인 허리케인 이반의 모습을 ISS에서 포착했으며, 카테고리 5등급인 허리케인의 눈 위를 지날 때 이 사진을 촬영하였다. 허리케인 이반은 원래 자메이카를 지날 것으로 예상되었지만 경로를 이탈하였다. 이반의 반지름은 280km로 사진에 나온 지역 대부분을 뒤덮었다.

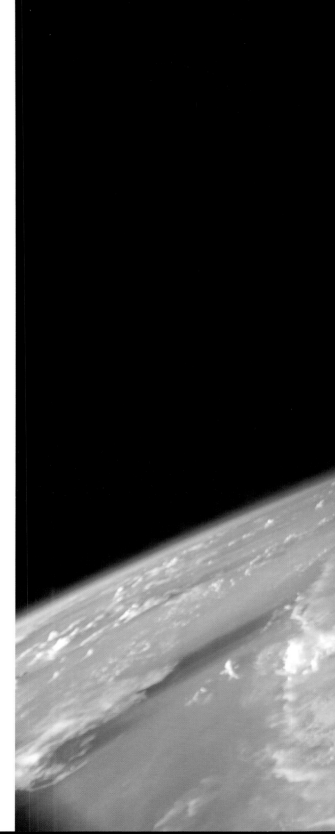

이베리아 반도의 야경

ISS에서 촬영한 이 아름다운 이미지는 이베리아 반도의 야경을 보여 준다. 이미지 앞쪽의 해안가에 있는 밝은 부분은 포르투갈의 수도 리스본이며 이베리아 반도의 중앙부에서 가장 밝은 부분이 스페인 마드리드이다. 흐릿하게 보이는 부분은 구름이 지나가면서 불빛이 흩어진 곳이다.

미국 서부의 아침

미국 서부를 촬영한 이 이미지는 2015년 8월 10일 아침, 달이 지평선 너머로 떠오를 즈음에 ISS에 탑승한 우주비행사 스콧 켈리가 촬영하였다. 이 임무를 수행하는 동안 켈리는 미국인 우주비행사 중에서 최장기 우주 체류 시간 신기록을 달성하였다. 1999년부터 2016년 사이에 그는 단기 2회, 장기 2회, 총 4회의 우주 임무에 참여하였다. 2016년 3월 1일에 ISS에서 340일간 연속 체류의 기록을 세우며 귀환하였고, 우주에서 총 520일을 지냈다. 이후에 NASA의 제프 윌리엄스가 총 534일간 우주에 머물러 신기록을 수립하며 켈리가 세운 기록을 뛰어넘었다.

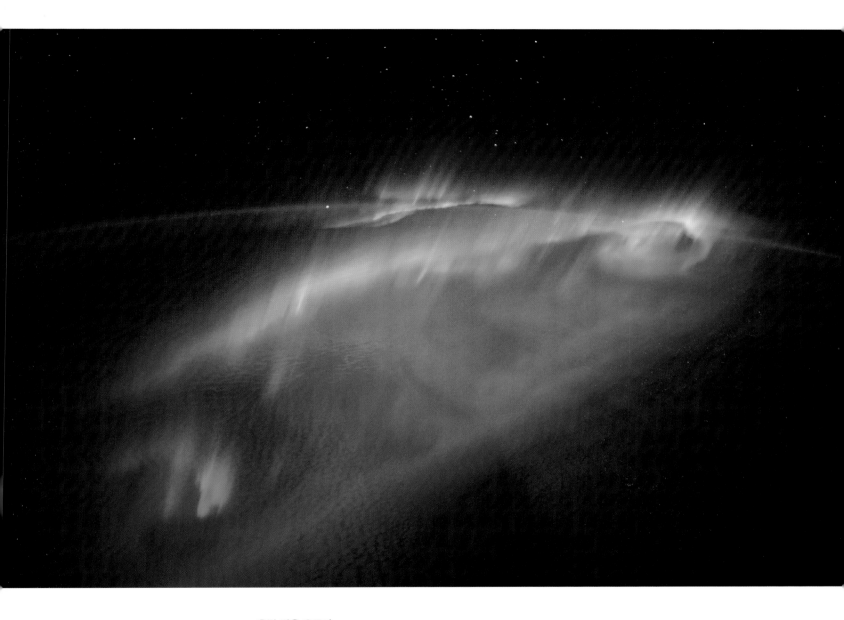

유령 같은 오로라

유럽 우주국 소속 우주비행사 알렉산더 거스트는 지면으로부터 322km 높이에 있는 ISS에서 이 사진을 촬영하였다. 2014년 8월 29일, 거스트는 이 사진을 다음의 글과 함께 소셜 미디어에 올렸다. "#오로라 속을 비행하는 느낌은 말로 설명할 수 없다."

시카고의 불빛

2016년 4월, NASA의 47번 탐험대 사령관 팀 코프라는 ISS에서
이 놀라운 시카고의 야경을 촬영하였다. 우주에서 바라보는 야경
을 통해 지구상에 인구가 어떻게 분포하고 있는지 생각해 볼 수
있다. 시카고의 인구는 약 300만 명이며 도시권 및 인근의 항구에
거주하는 인구는 1,000만 명에 가깝다. 지구 표면은 어둠에 덮여
있기 때문에 야간 촬영 시에는 카메라의 노출 시간을 늘려야 한
다. 그러나 노출 시간이 늘어나면 사진에 잔상이 남게 되는데, 이
러한 잔상은 ISS나 지구가 계속 움직여도 사진을 찍는 동안에는
안정되게 유지하게 해 주는 반도어 트래커(Barn-door Tracker)를 이
용하여 줄일 수 있다.

흑해의 식물성 플랑크톤

NASA의 테라 위성에 탑재된 MODIS(Moderate Resolution Imaging Spectroradiometer, 적정 해상도 영상 분광 복사기)로 2012년에 촬영한 흑해의 모습. 흑해의 진한 파란색과 초록색은 식물성 플랑크톤이 발생한 결과다. 조류(藻類) 등의 식물성 플랑크톤은 436,400㎢에 걸쳐 분포하고 있으며 이미지 오른쪽 위에 흐릿한 암녹색으로 보이는 아조프해까지 퍼져 있다. 플랑크톤이 풍부한 물의 표면에서는 빛이 다양하게 반사되기 때문에 식물성 플랑크톤에 있는 엽록소는 위성 이미지에서 눈에 띄는 변화를 만들어 낸다.

그레이트 솔트 사막

이란에 있는 그레이트 솔트 사막인 카비르 사막의 가상색 조합 이미지(적외선, 빨간색, 초록색 파장을 이용)로, 가장 오랫동안 운용된 지구 촬영 인공위성인 랜드샛 7호가 촬영하였다. 이 거대한 사막은 갯벌과 소금 습지로 채워져 있다. NASA의 월드 윈드 프로젝트를 통해 랜드샛 7호가 촬영한 이미지를 3D로 감상할 수 있다.

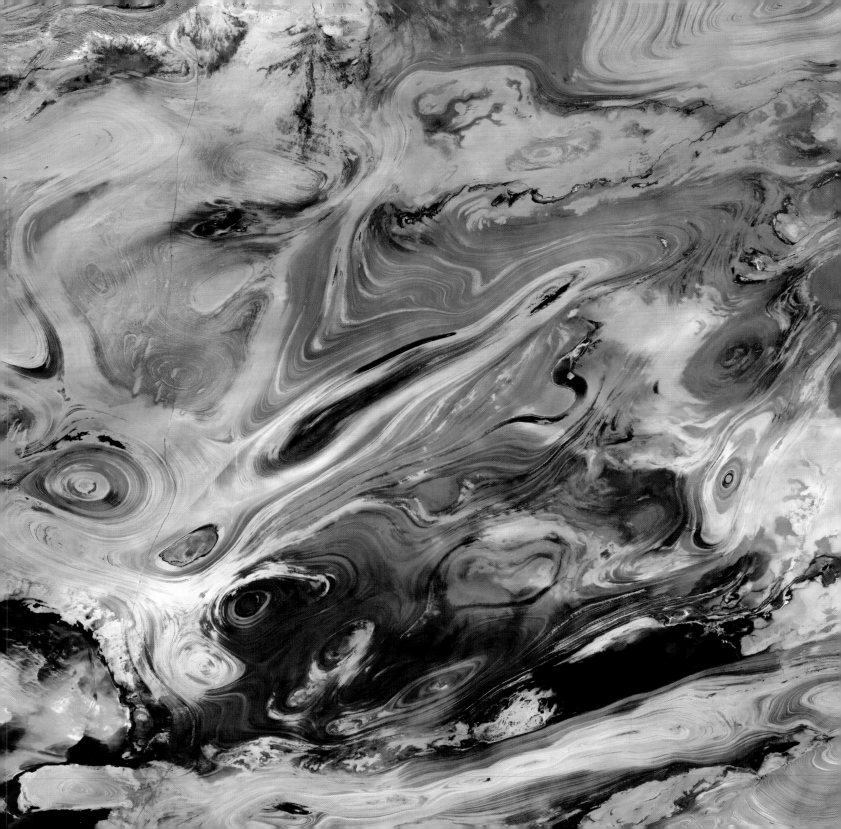

| 왼쪽 |

샤프호

이 샤프호 이미지는 테라 위성에 탑재된 5개의 지구 관측 장비 중 하나인 ASTER(Advanced Spaceborne Thermal Emission and Reflection Radiometer, 향상된 우주 열복사와 반사 복사계)로 2009년에 촬영하였다. ASTER는 미국—일본 합동팀의 감독하에 지구 표면의 변화를 지도로 만들고 빙하의 변화, 산호초의 퇴화 및 열 오염에 이르기까지 모든 것을 모니터링하고 있다. 샤프호는 미국 사우스다코타주의 미주리강에 있는 실제로 굽어 있는 저수지이며, 빅밴드 댐에 의해 생겼다. 과학자들은 미래에 미주리강이 크게 굴곡진 부분 대신 더 짧은 경로인 좁은 반도 부분을 직접 통과하며 흐를 것으로 예상하고 있다.

| 오른쪽 위 |

지구의 눈

이 그림 같은 리차트 구조(아프리카의 눈 혹은 지구의 눈으로도 알려져 있다.)는 ISS에서 촬영하였다. 리차트 구조는 사하라 사막 중간에 있는 특이한 원형의 지형이다. 폭은 약 50km이며 융기한 암석이 풍화 작용으로 인해 침식된 것으로 생각된다.

| 오른쪽 아래 |

펜실베이니아주의 산등성이와 계곡

2016년에 ISS에서 촬영한 사진으로, 펜실베이니아주의 독특한 지형인 산등성이와 계곡의 모습이 담겨 있다. 긴 산등성이가 연속으로 펼쳐지는 계곡을 따라 나눠지는 점이 특징이다.

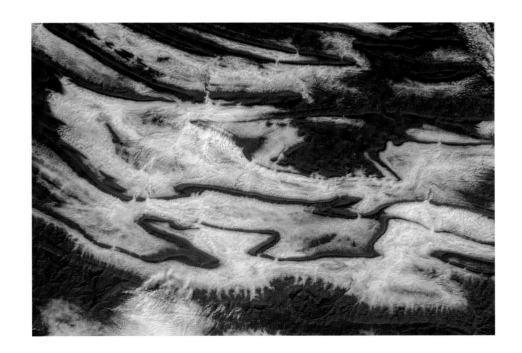

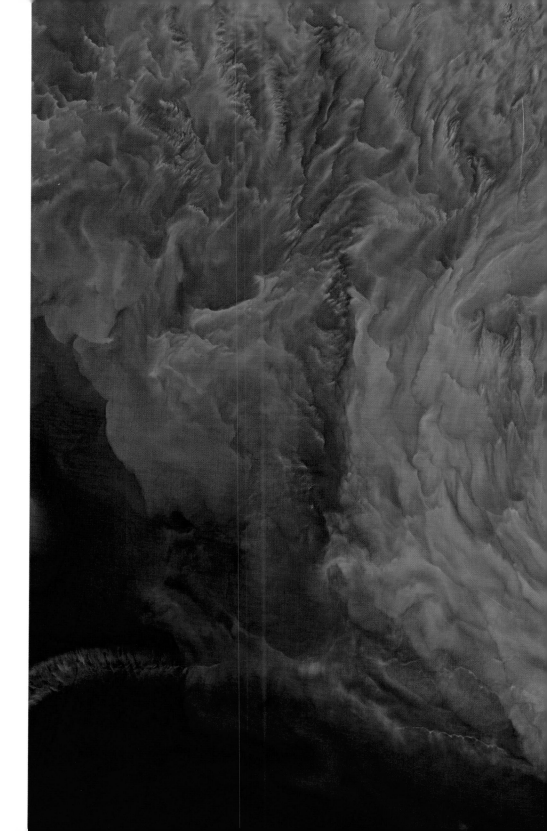

카스피해의 신비로운 선

위성 랜드샛 8호가 2016년에 촬영한 카스피해에
있는 튤레이니 섬(사진 중앙 오른쪽)의 모습. 이 이
미지는 미묘한 선처럼 보이는 해저의 우거진 식
물을 보여 준다. 연구에 의하면 사진상의 흔적은
떠다니던 얼음이 물의 흐름에 따라 얕은 곳을 지
나면서 해저를 긁으면서 생긴 자국이라고 한다.

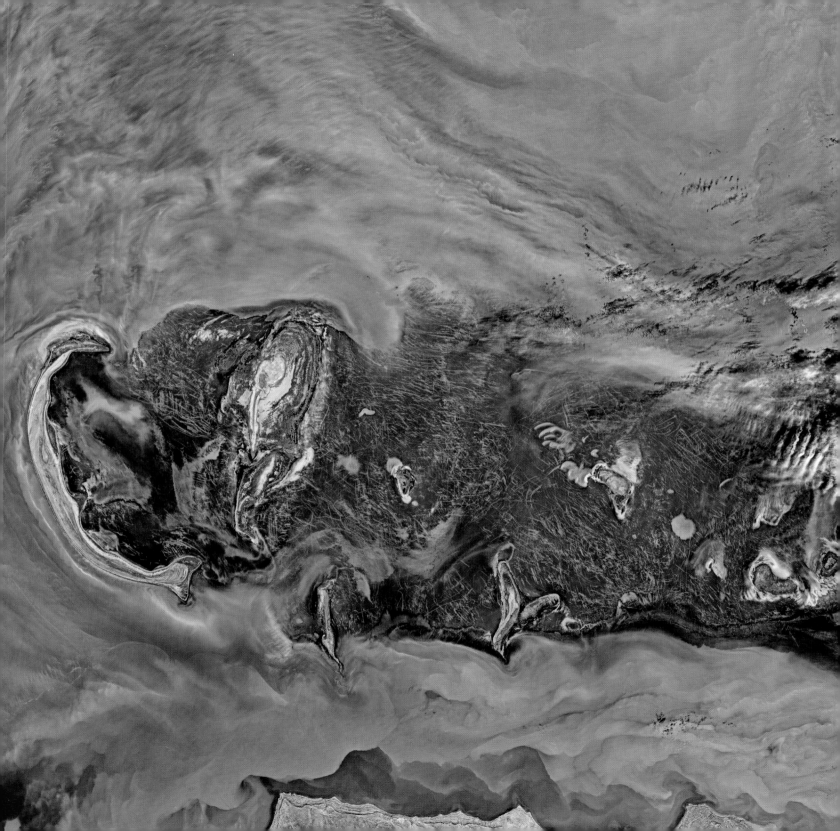

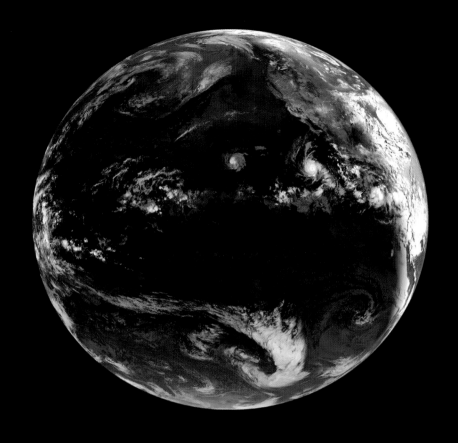

| 위 |

열대 폭풍

(미)국립 해양 대기청에서 운영하고 있는 GOES–15 위성(Geostationary Operational Environmental Satellite, 정지 궤도에서 가동되는 환경 위성)이 2012년 7월에 촬영한 태평양 동부에 있는 열대성 저기압의 모습. 지구 표면의 71%는 물로 덮여 있으며, 지구에 있는 물의 95%는 바다에 있다.

| 오른쪽 |

지구의 합성 이미지

이 지구 이미지는 수오미 국립 극궤도 위성에 장착된 VIIRS(Visible Infrared Imaging Radiometer Suite, 가시광선 및 적외선 촬영 및 복사 측정 복합 장비)로 촬영하였다. 6개의 궤도를 돌며 생성된 이 이미지는 북아프리카와 유럽 남서부의 모습을 보여 준다.

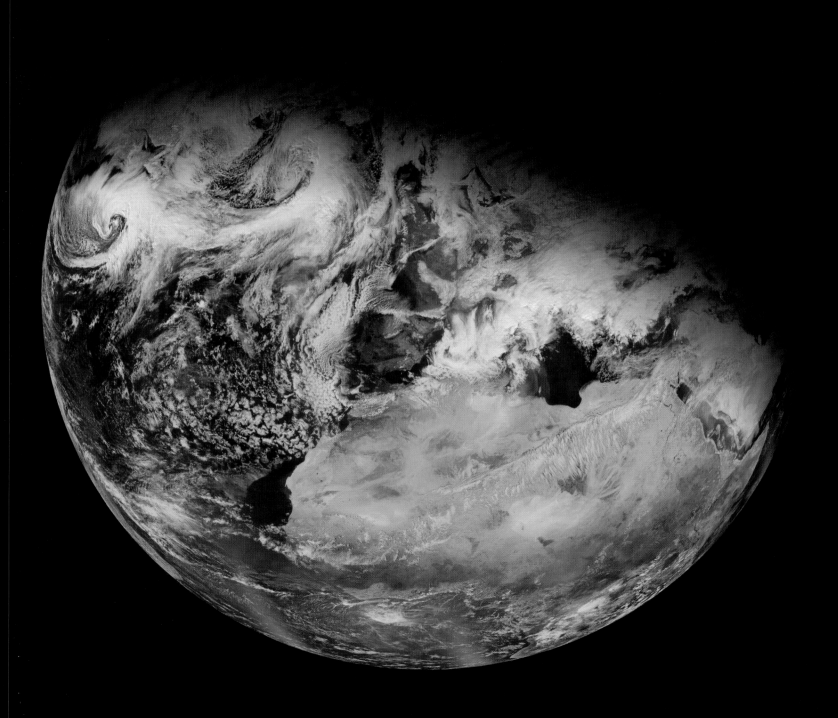

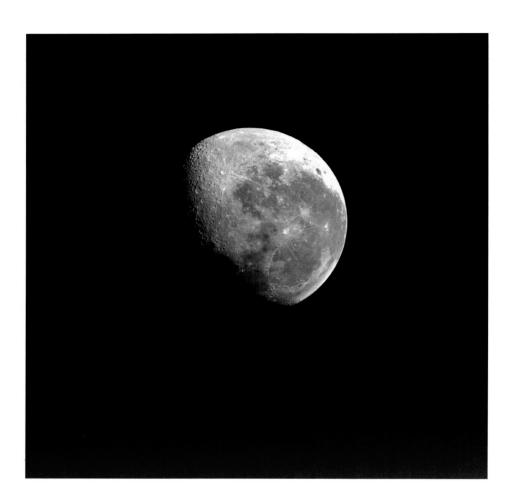

| 왼쪽 |

월몰

ISS에 탑승한 항공 기술자가 2016년 3월에 달이 지는 모습을 촬영하였다.

| 오른쪽 |

달의 바위

1972년 12월, NASA의 역사적인 아폴로 계획에서 마지막으로 달 위를 걸었던 2명의 우주비행사 유진 서넌과 해리슨 슈미트가 핫셀블라드 카메라로 이 사진을 촬영하였다. 커다란 달의 바위를 전경으로 지구가 마치 외계 우주선과 같이 떠오르는 모습이 담겨 있는 이미지로, 아폴로 17호의 착륙 지점인 맑음의 바다의 남동쪽 경계에 있는 타우루스-리트로우 부근에서 촬영하였다. 과학자들은 약 39억 년 전에 거대한 운석이 달과 충돌하면서 지름이 약 700km에 이르는 분지가 격렬하게 만들어질 때 타우루스-리트로우 계곡이 생성되었다고 믿고 있다. 충돌로 인해 돌이 달 표면에서 튀어나오고, 고리 형태의 산맥이 생겼으며, 일부 지역에는 방사형 계곡이 산 전체에 흩어져 있기도 했다. 타우루스-리트로우 계곡은 토양을 채취하고 지각 물질을 검사하기에 편리하여 달 착륙에 이상적인 장소였다.

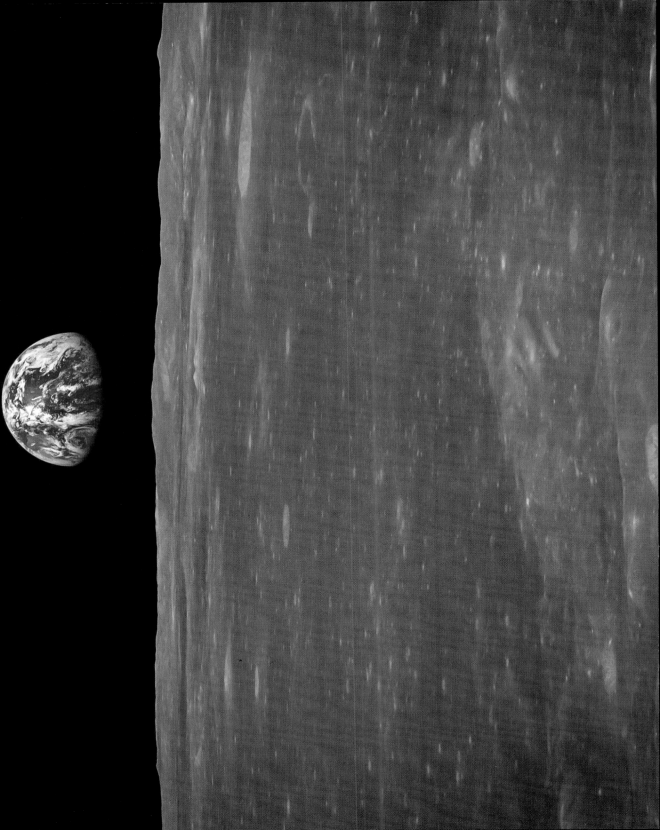

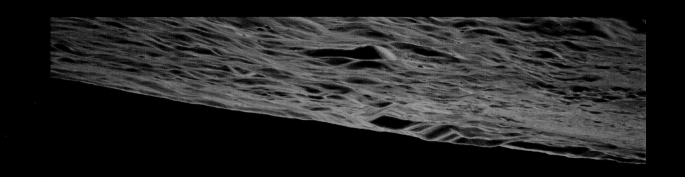

| 왼쪽 |

아폴로 11호에서 본 지구

달의 지평선에서 지구가 떠오르는 장면을 촬영한 이 사진은 1969년 7월, 아폴로 11호가 화산 폭발로 인해 생성된 넓은 현무암 평원 지대 중 하나인 스미스의 바다 위를 지나면서 촬영하였다.

| 위 |

그믐달 모양의 지구

1971년에 아폴로 15호가 달 주위를 돌면서 촬영한 사진. 달 표면을 전경으로 그믐달 모양의 지구가 멀리서 빛나고 있다.

| 오른쪽 |

지구돋이 원본

1966년에 NASA의 루나 오비터 1호가 촬영한 이 고해상도 이미지는 달 가까이에서 촬영한 최초의 지구 사진이다. 루나 오비터 1호는 아폴로 계획을 준비하기 위해 달 지도를 꼼꼼하게 작성하는 임무를 지닌 무인 탐사선이다.

| 다음 페이지 |

지구돋이: 업데이트

달에서 본 지구를 촬영한 최초의 사진. 1966년에 루나 오비터 1호가 촬영한 사진을 2015년 루나 오비터 이미지 복구 프로젝트를 통해 전면적으로 복원하였다. 이 프로젝트를 통해 1960년대에 NASA가 달로 보낸 5대의 탐사선이 촬영한 원본 이미지를 복구함은 물론, 화질도 향상시켰다.

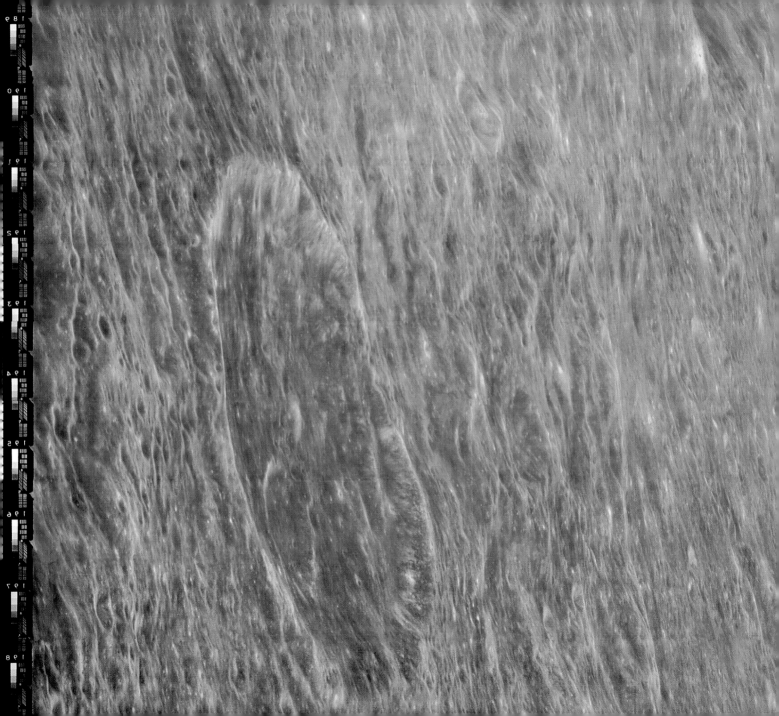

에이트켄 크레이터

아폴로 17호가 촬영한 에이트켄 크레이터는 달에서 가장 크고 오래된 충돌 분지인 남극-에이트켄 분지의 북쪽 경계에 위치하고 있다. 에이트켄 크레이터의 지름은 약 135km이며, 남극-에이트켄 분지의 지름은 2,495km로 달의 1/4에 걸쳐 있다. 에이트켄 크레이터의 원래 바닥 표면의 대부분은 보다 젊은 암석 물질로 메워져 있다. 하지만 과학자들이 "소용돌이(사진에는 보이지 않는다.)"라 부르는 반사율이 높은 물질도 함께 포함되어 있다. 이 물질은 달의 자기장 변화와 관련이 있을 것으로 추측된다. 이 크레이터에서 나온 특이한 둥근 모양의 언덕은 완전히 이해할 수 없지만 달의 지각 운동으로 인한 결과일 것이다.

| 오른쪽 |

달 전체의 모자이크 이미지

2011년에 제작한 달의 전체적인 모자이크 이미지는 LRO(Lunar Reconnaissance Orbiter, 달 궤도 탐사선)에 탑재된 광시야각 카메라로 촬영한 15,000장 이상의 사진으로 구성되었다. LRO는 매달 달 표면 전체를 촬영하였다. 이 사진은 달의 뒷면을 거의 완벽하게 보여 주고 있다. 지구에서는 달의 한쪽 면만 볼 수 있기 때문에, 여러 달 탐사선과 우주비행사가 1959년에 달 탐사를 시작하기 이전에는 인류가 달 뒷면의 모습을 본 적이 없었다. 지구와 달 사이의 기조력이 달의 자전에 영향을 주기 때문에 동주기 자전 현상이 발생하며, 그 결과 우리는 어둠에서 빛나는 달의 "앞면"만 볼 수 있다. 달의 앞면에는 고대의 화산 활동에 의해 생성된 "바다"라고 하는 현무암 평원이 많으며 뒷면에는 바다가 적고 많은 충돌 크레이터가 존재한다.

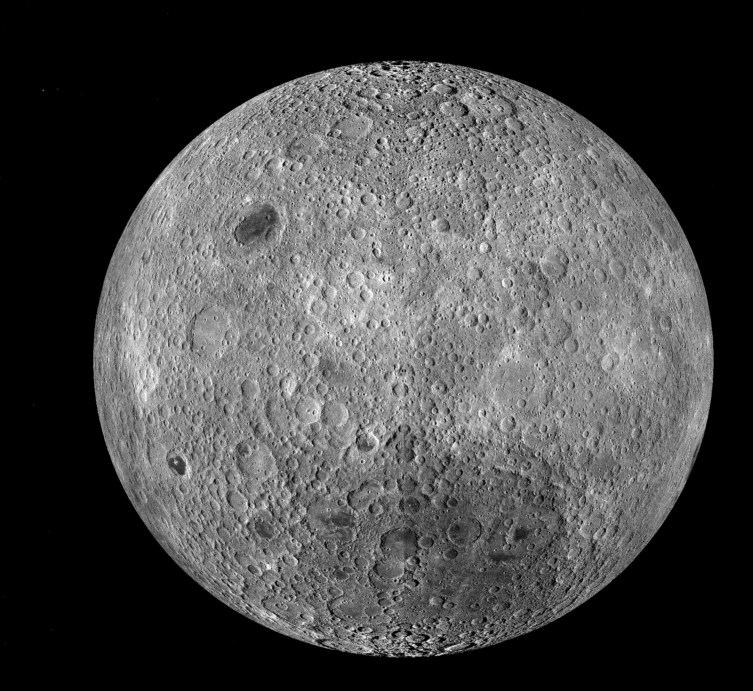

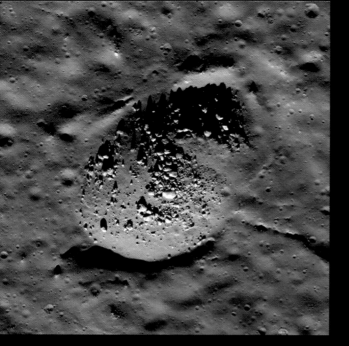

| 왼쪽 |

아낙사고라스 크레이터

아낙사고라스 크레이터는 달의 뒷면에 있는 거대
한 크레이터로, 그 나이를 쉽게 가늠할 수 없다.
크레이터에서 채취한 암석 샘플은 크레이터의 정
확한 나이와 충돌이 언제 일어났는지 알아보는
데 도움이 된다.

| 오른쪽 |

새클턴 크레이터

NASA의 LRO가 적외선 레이저를 이용하여 촬영
한 거대한 새클턴 크레이터 이미지에서 크레이터
안쪽의 특징을 볼 수 있다. LRO가 수집한 데이
터는 가장 상세한 달 표면 지도를 작성하는 데 활
용된다. 새클턴 크레이터 바닥의 반사율은 주변
에 있는 다른 크레이터보다 높기 때문에 연구진
은 이곳에 얼음이 쌓여 있을 것이라고 생각한다.

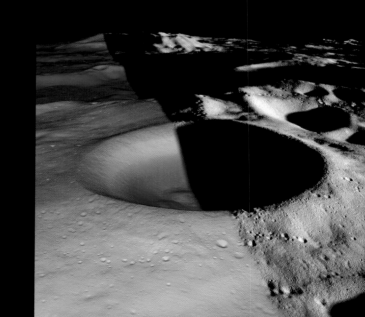

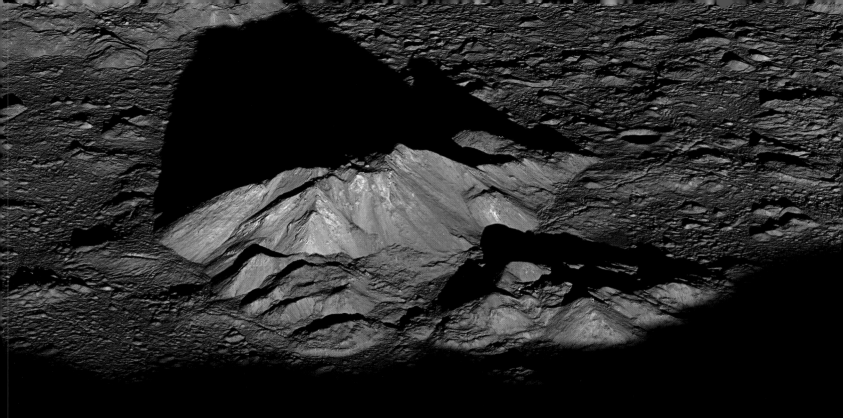

예술로서의 달

LRO가 촬영한 이 이미지는 티코 크레이터의 중앙에 있는 산봉우리를 보여 준다. 봉우리의 높이는 약 2km이며 봉우리의 꼭대기에는 폭이 약 100m인 둥근 바위가 있다. 이 이미지는 LRO의 달 탐사 활동 5주년을 기념하기 위한 2014년 "예술로서의 달 캠페인"에 포함되었으며, 대중이 가장 좋

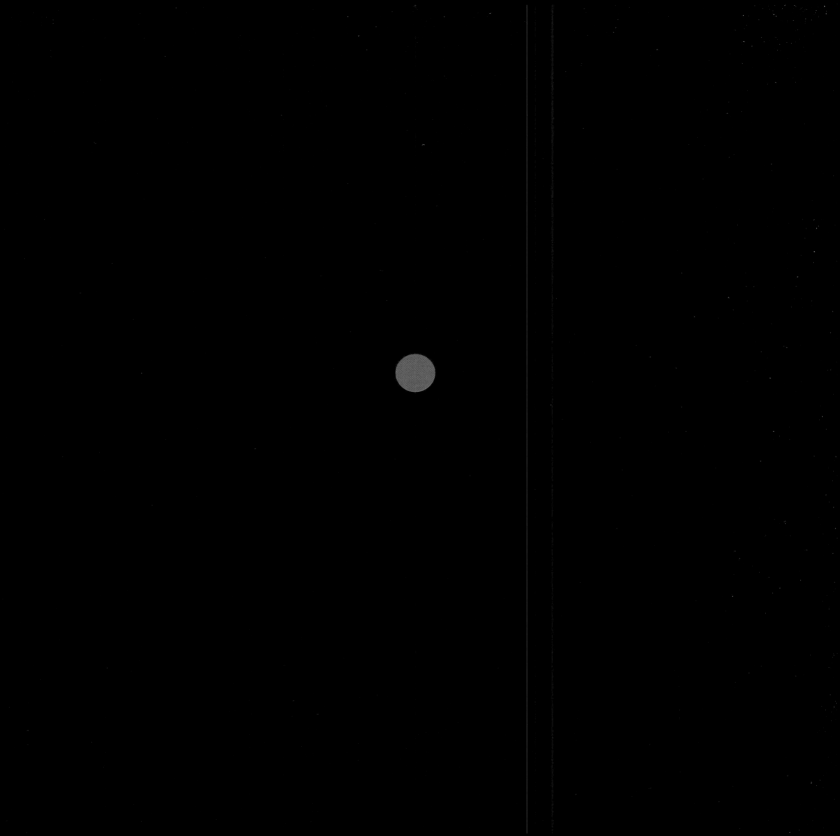

MARS

화 성

화성의 모자이크 이미지

화성은 수 세기 동안 우주 탐험가와 탁상공론 우주 이론가들의 상상력을 자극해 왔다. 태양계의 네 번째 행성인 화성은 그 크기가 지구 지름의 절반에 불과하지만, 추운 사막 기후에도 불구하고 화성에 생명체가 있을지에 대한 질문을 제기할 수 있을 정도로 지구와 유사한 점이 있다. 우리의 행성 지구처럼 화성에도 계절과 기후가 있으며, 극지방의 얼음과 협곡 그리고 화산이 있다. 비록 화성의 대기는 액체 상태의 물의 존재를 뒷받침하기엔 너무 옅지만, 화성의 극지방과 추운 곳에는 얼음이 존재한다. 그러나 더운 계절에 미생물이 살 수 있는 환경이 될 정도로 충분히 녹지는 않는다. 2003년에 제작한 화성의 모자이크 이미지는 바이킹 1호가 촬영한 여러 이미지를 이용하였다. 이미지의 중앙에는 거대한 매리너스 협곡이 보이며 그 동쪽에는 불규칙한 지형이 있다.

| 위 |

화성의 전체적인 모습을 담은 컬러 이미지

바이킹 1호가 빨간색과 보라색 필터로 촬영한 약 1,000장의 사진을 조합하여 만든 모자이크 이미지. 대기에 의한 흐릿함이나 계절의 영향을 거의 받지 않아 화성의 전체적인 모습을 가장 정확히 보여 주고 있는 이미지를 선택하고, 대기 효과 및 조명에 의한 변화를 제거하여 균일한 이미지를 만들었다. 색상 균형을 조절하여 화성의 원래 색상이 잘 표현되도록 하였다. 지금까지 NASA는 십 수대의 탐사선을 화성에 보내왔고 그중 5개는 현재 진행 중이다. 지금까지 화성 탐사는 로봇을 이용한 무인 탐사였지만, NASA는 역사상 가장 강력한 로켓 발사체가 될 SLS(Space Launch System, 우주 발사 시스템)와 SLS에 탑재하여 화성으로 향할 오리온호를 이용하여, 2030년에는 유인 우주선을 화성에 보내길 희망하고 있다.

| 오른쪽 |

매리너스 협곡

이 합성 이미지에는 화성의 적도를 따라 나 있는 매리너스 협곡의 모습이 담겨 있다. 이미지는 바이킹 1호가 1998년에 촬영한 사진을 이용하여 제작하였다.

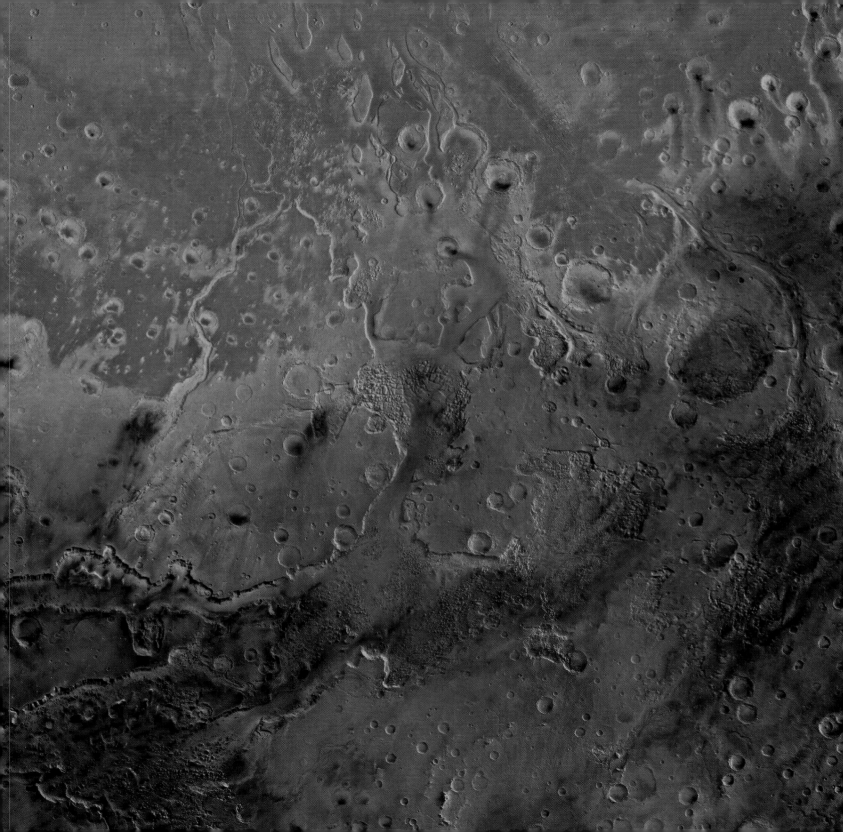

포보스

화성 관측 궤도선이 2008년에 촬영한 화성의 위성 포보스의 모습. 색상을 강조한 이 이미지는 푸르스름한 구멍이 인상적인 스티크니 크레이터의 모습을 생생하게 담고 있다. 지구의 위성인 달에 있는 다양한 물질과 비교해 보았을 때, 푸르스름한 부분은 포보스의 다른 부분에 비해 젊다고 과학자들은 생각한다.

큐리오시티 로버가 촬영한 파노라마

이 화성의 파노라마 이미지(책 크기에 맞추기 위해 2개로 나눴다.)는 2012년 8월 6일부터 화성에 있던 NASA의 큐리오시티 로버가 2016년에 촬영하였다. 큐리오시티 로버는 거대하고 오래된 게일 크레이터의 지형과 조성을 탐사하고 있다. 빠르게 촬영한 여러 장의 이미지를 조합하여 만든 이 파노라마는 크레이터 안쪽의 모습을 130도 화각으로 보여

준다. 이 이미지는 로버가 샤프 산 주변의 고원에서 촬영하였으며, 크레이터의 다양한 형태와 패턴에는 봉우리, 협곡, 수로와 파편 팬(월뿔형 퇴적물)이 포함되어 있다. 지구와 동일한 태양광 조건일 때를 가정하여 전반적인 색상 조정을 하였다. 이미지의 가장 오른쪽 부분은 태양이 떠서 다른 부분에 비해 흐릿하다.

화성 파노라마

위의 이미지는 2004년부터 화성의 메리디아니 평원에서 활동하고 있는 오퍼튜니티 로버가 2015년에 촬영하였다. 이 가상색 이미지는 점토 광물의 증거를 가지고 있는 마라톤 계곡을 내려다보고 있다. 이 증거는 화성의 지질학적 역사의 초기에 습한 늪지가 있었음을 의미한다.

아래의 이미지는 화성의 움직이는 모래 언덕을 처음으로 조사하기 시작한 2015년 12월에 큐리오시티 로버에 장착되어 있는 마스트 카메라(마스트캠)로 촬영한 사진을 모자이크 처리한 이미지이다. 언덕에는 넓은 물결 모양이 약 3m 간격으로 있는 것을 볼 수 있다. 모래는 이른 아침의 그림자와 광물 조성 물질의 특성에 의해 어둡게 보인다. 과학자들은 이 물결무늬가 바람에 날린 모래 입자에 의해 생긴 것이라고 결론 내렸으며, 화성의 오래된 사암에 작은 물결무늬가 남아 있는 것을 보고 과거의 화성 대기는 지금보다 밀도가 높았을 것이라고 생각한다.

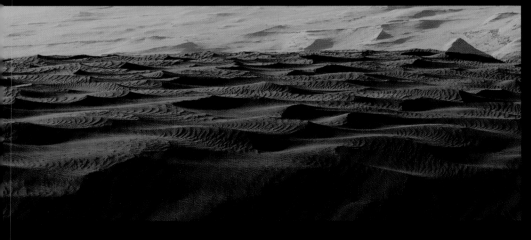

| 왼쪽 |

화성의 암석

NASA의 큐리오시티 로버는 2013년 1월 30일에
지면에 돌출된 화성의 암석 덩어리를 촬영하였다.

| 오른쪽 |

포인트 호수

2013년 2월, 큐리오시티 로버는 침식 저항성 퇴적
암 혹은 냉각된 용암 흐름이 만들었을 것으로 여
겨지는 지표면에 노출된 대규모의 암석을 포인트
호수에서 촬영하였다.

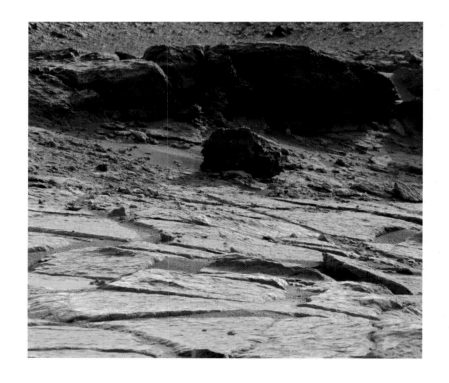

허즈번드 언덕

NASA의 화성 탐사 로버 프로그램은 스피릿과 오퍼튜니티라는 2대의 로봇을 화성으로 보냈다. 2005년에 스피릿은
허즈번드 언덕의 파노라마 사진을 촬영하였으며, 허즈번드 언덕의 높은 정상은 화성 초기에 온천 혹은 증기 분출
이 있었으며 습하고 비산성인 환경이었음을 보여 준다.

화성의 먼지 악마

2016년에 촬영한 이 이미지는 NASA의 화성 탐사 로봇 오퍼튜니티가 지나간 흔적 뒤에 남은 화성의 먼지 악마 즉, 회오리바람의 모습을 담고 있다. 회오리바람은 뜨거운 공기를 빠르게 위로 뿜으면서 먼지를 빠르게 빨아들인다.

아마존 평원의 먼지 악마

2012년, 화성 북부의 아마존 평원을 가로지르는 유령 같은 먼지 덩어리가 화성 정찰 위성에 탑재된 HiRISE(High Resolution Imaging Science Experiment, 고해상도 영상 과학 실험) 카메라에 포착되었다. 먼지 악마의 크기가 작아 보일 수도 있지만, 실제로 이 이미지에 나타난 영역은 644m이며 높이는 805m에 이른다. 먼지 악마는 대기층 상공의 온도보다 화성 지표면의 온도가 높을 때 발생하는데, 밀도가 낮은 더운 공기가 하늘로 올라가 찬 공기층과 만나면 더운 공기와 찬 공기가 수직으로 순환하는 대류를 일으킨다. 대류하는 공기 덩어리가 수평으로 부는 바람을 만나면 쓰러지게 되는데, 이때 공기가 대류하는 방향이 수직에서 수평으로 바뀌고 결과적으로 사진에서와 같이 수평 방향의 기둥이 나타난다.

| 위 |

계절에 따라 변하는 이산화탄소의 극관

이산화탄소로 뒤덮인 화성 극관의 모습은 화성 정찰 위성에 탑재된 HiRISE 카메라로 2009년 2월 4일에 촬영하였다. 1km 정도 되는 이 영역은 화성 북반구의 가을에 촬영하였다. 매년 봄이 되면 극관의 이산화탄소는 고체에서 기체로 변한다. 과학자들은 축적되어 있던 기체가 계절에 따라 변화하는 얼음 밑에서 빠르게 상승하며, 표면으로 빠져나오면서 이 이미지에서 보이는 별 모양의 갈라진 무늬가 생긴 것이라 생각한다. 기체가 빠져나오면서 먼지도 함께 대기 중으로 올라가게 되며, 먼지는 부채꼴 모양의 지형이 모여 있는 지표면으로 떨어진다. 이미지에서 위쪽에 있는 부채꼴 모양은 한 방향을 향하고 있는 것에 비해 아래쪽에 있는 부채꼴 지형의 방향은 다르다. 이것은 각기 다른 바람의 패턴에 의한 것이라 생각되며 과학자들은 극관의 각 지역에서 일어나는 기체 분출이 각각 다른 시간에 발생한 것으로 추측한다.

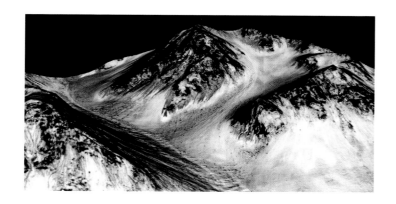

| 왼쪽 |

헤일 크레이터의 가상색 이미지

화성의 경사면에 있는 검은색 줄무늬는 염분이 포함된 액체 상태의 물이 흘러서 생긴 것으로 생각된다. 이 이미지는 NASA의 화성 정찰 위성이 촬영하였으며, 가상색 이미지는 사진 중첩 기술(Superimpose)을 이용하여 3D로 구성한 것이다.

닐리 파테라

닐리 파테라 칼데라(커다란 화산 분화구)의 풍경을 HiRISE가 촬영하였다. 이 이미지는 물결치는 무늬
와 갈라진 틈 그리고 2가지 종류의 용암이 흐른 흔적을 포함한 복잡한 화산 지형뿐만 아니라, 빠른
속도로 이동하는 모래와 침식도 보여 준다. HiRISE는 이 지역에서 짧은 시간 동안 일어나는 사구
의 이동과 새로운 산사태를 비롯하여 중요한 변화를 관찰하였다.

화성의 점성 유동 특성

HiRISE는 붉은 행성의 중간 지역을 가로질러 천천히 움직이는 화성의 점성 유동 특성(VFF)을 촬영하였으며, 이는 지구의 빙하와 비슷하게 얼음과 암석으로 구성되어 있다. 여기서 점성 유동 특성(흰색–파란색 영역)은 오래전에 있었던 운석 충돌 시 흩어진 충돌 파편으로 인한 광물질을 포함하여 흐르고 있다(이미지의 왼쪽과 오른쪽 위에 있는 어두운 부분은 화성의 표면이 돌출된 것이다.).

바르한 사구

2016년 화성 정찰 위성이 촬영한 이미지는 바르한 사구의 모습을 담고 있다. 바르한 사구는 반달 모양의 모래 언덕을 의미한다. 지구의 사막에서 흔히 볼 수 있는 바르한 사구는 지표면에서 한쪽으로 흐르는 바람에 의해 생성되지만, 화성의 사구는 각기 다른 방향에서 불어오는 2개의 바람으로 인해 특이한 모양을 가지게 되었다.

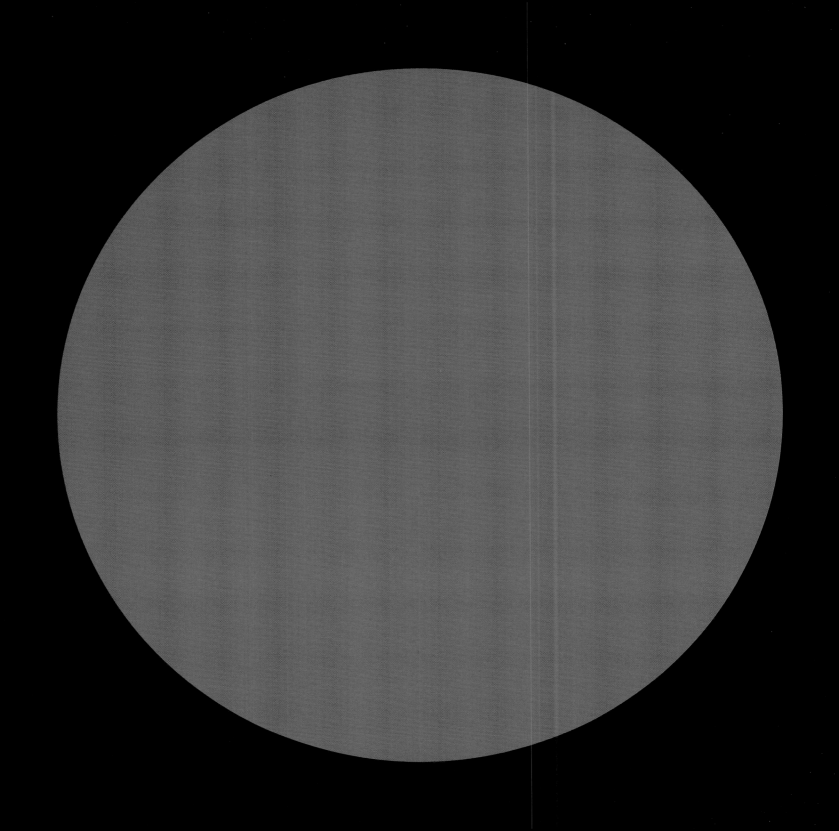

JUPITER

목 성

♃

목성의 모자이크 이미지

목성의 실제 색상을 보여 주는 이 모자이크 이미지는 2000년에 NASA의 카시니호가 목성에 근접 비행을 하면서 탐사선에 탑재된 협시야각 카메라로 촬영한 것이다. 이 이미지는 목성에서 1,000만km 떨어진 곳에서 촬영하였으며, 이제까지 촬영한 이미지 중에서 목성의 세세한 모습을 가장 잘 보여 주고 있다. 이 목성의 컬러 사진은 27개의 이미지를 조합하여 만들었으며 인간의 눈에 보이는 것에 가깝게 색상을 처리하였다. 빨간색과 흰색의 띠, 크림색의 백반, 그리고 목성의 상징이라 할 수 있는 대적반 등 눈으로 확인 가능한 목성의 특징이라 할 수 있는 모든 것은 사납게 요동치는 구름 낀 대기에 의한 현상이다. 목성의 대적반은 사실 300년 이상 지속되고 있는 시속 402km의 거대한 폭풍이다. 이 폭풍의 크기는 지구보다 커서 높이는 지구 지름, 폭은 지구 지름의 2배나 된다. 이 거대한 가스 행성의 대기는 주로 수소와 헬륨으로 구성되어 있으며 지구형 행성과 같은 단단한 지표면을 가지고 있지 않다.

목성의 불빛

2016년 6월 30일, 허블 우주 망원경은 인간이 촬영한 가장 밝은 오로라의 모습을 기록하였다. 목성의 구름 꼭대기에서 발생하는 오로라는 목성의 대기와 자기장이 상호작용하여 발생하며 지구의 극지방에서 발생하는 오로라보다 천 배 이상 밝다.

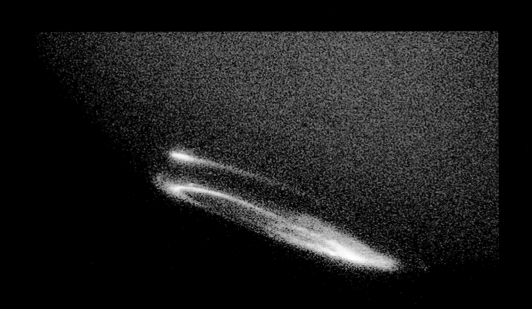

| 오른쪽 |

목성 남극의 오로라

이 흐릿한 목성 남극의 오로라 이미지는 허블 우주 망원경이 1998년에 자외선 촬영한 것이다. 오로라는 목성의 표면에서 수백 마일 밖까지 방출되며, 목성 자기장에 의해 전하를 띠게 된 입자들이 목성의 상층 대기부와 충돌하면서 빛나게 된다.

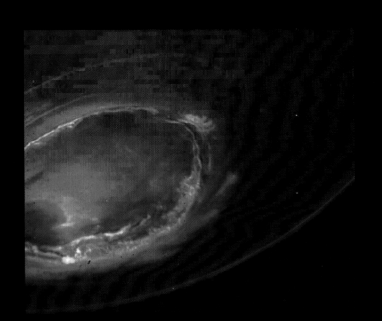

| 왼쪽 |

목성 남극의 오로라

NASA의 주노호가 목성 남극 오로라의 장관을 2016년 8월에 촬영하였다.

| 위 |

목성의 적도대

이 컬러 이미지는 1979년에 보이저 2호가 촬영한 여러 장의 이미지를 조합한 것으로, 요동치는 구름 대기의 모습을 보다 세부적으로 나타내기 위해 색상을 강조했다. 사진의 위쪽을 가로지르는 어두운 북적도 띠(North Equatorial Belt)는 적도대(Equatorial Zone, 이미지 중간)의 바로 위에 있으며, 성긴 황갈색의 지역은 대기가 행성의 내부보다 빠르게 회전하는 부분이다. 이런 지역의 압력은 매우 높아서 수소가 압축되어 액체가 된다. 행성 깊숙이 조금 더 들어가면 액체 수소가 압력을 더욱 세게 받아 마치 금속과 같은 성질을 띠게 된다. 북적도 띠와 적도대 사이에 있는 파란색-흰색의 자두 샌드위치 같은 지역은 대기 중에서 고도가 조금 낮고 따뜻한 곳으로 생각된다(목성의 줄무늬 중에서 밝은 것을 대(Zone), 어두운 것을 띠(Belt)라고 한다, 역자주).

| 오른쪽 |

유로파, 이오 그리고 대적반

보이저 1호가 1979년 3월에 촬영한 목성 표면의 모습. 이 이미지는 주황색과 보라색 필터를 통해 촬영한 수십 장의 사진을 조합한 것이다. 왼쪽 아래에 유로파가 목성의 표면을 지나고 있으며, 중간쯤에는 목성 표면에 드리운 이오의 그림자가 보인다.

| 오른쪽 |

목성 북극의 클로즈업 사진

주노호가 2016년에 촬영한 목성 북극 지역의 이미지. 이미지 중앙에 있는 낮과 밤의 경계 지역과 이미지의 오른쪽에 있는 행성의 대기와 우주가 만나는 부분의 대비를 향상시켰다.

| 오른쪽 끝 |

목성 남극의 클로즈업 사진

주노호가 촬영한 목성 남극 지역의 이미지에는 시계 방향과 반시계 방향으로 회전하고 있는 다양한 크기를 가진 얼룩덜룩한 고리 모양의 폭풍이 담겨 있다.

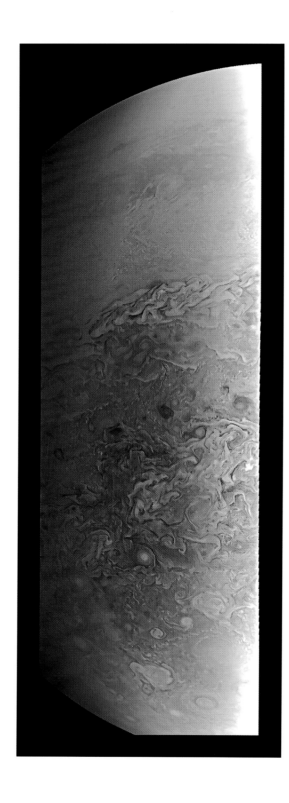

목성의 남반구

2016년 8월에 주노호가 촬영한 목성 남극의 클로
즈업 사진은 줄무늬가 있는 적도 지역과 날씨가
거친 극지방의 차이를 보여 준다.

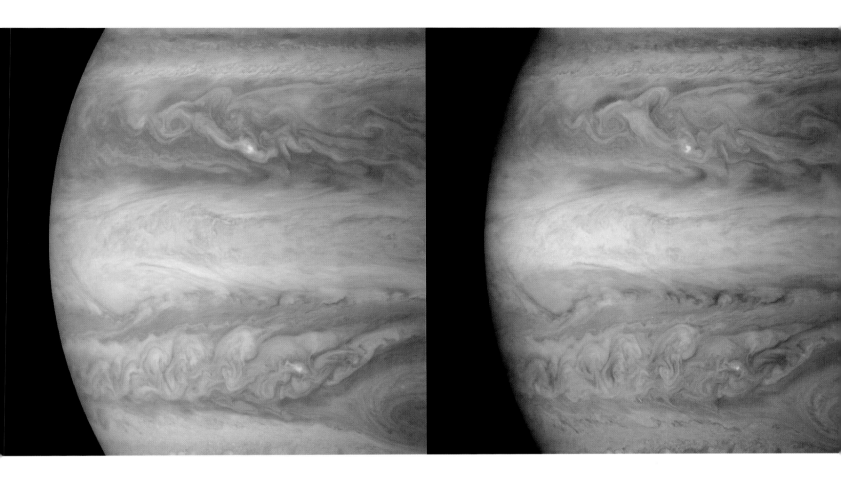

목성 중앙부의 모습

목성의 측면을 보여 주는 이 사진은 카시니호가 2000년에 거대 행성을 가장 가까이 근접 비행하면서 촬영하였다. 이 이미지에는 활동적이며 알록달록한 목성의 대기에 관한 많은 정보가 담겨 있다. 왼쪽 이미지는 목성의 원래 색상을 보여 주고 있는 반면, 오른쪽 이미지는 여러 컬러 필터를 이용하여 촬영한 3개의 이미지로 구성되어 있다. 색상은 구름의 고도를 나타낸다. 밝은 파란색은 가장 높이 떠 있는 구름이며 적갈색은 낮은 구름을 의미한다. 진한 파란색 부분은 "핫 스팟"이라고 하며 가장 낮은 부분에 위치하고 더운 기체가 솟구쳐 오르는 지점이다.

가니메데

지구보다 3배나 큰 폭풍인 목성의 대적반 앞을 목성의 거대한 위성(태양계에서 가
장 큰 위성)인 가니메데의 그림자가 지나가는 모습을 허블 우주 망원경이 2014년
에 촬영하였다.

이오와 유로파

2007년, 뉴호라이즌스호가 명왕성과 그 위성을 탐사하러 가는 중에 촬영한 목성의 위성 이오(오른
쪽 위)와 유로파(왼쪽 아래)의 영상을 조합한 이 이미지는, 촬영하는 순간 두 위성의 위치를 대략적으
로 보여 준다. 이오는 450만km, 유로파는 380만km 떨어진 곳에 있었다. 이오의 윗부분에는 트배
시타 화산에서 푸르스름한 화산 분출물이 웅대한 부채꼴 모양으로 분출되고 있으며, 이오의 측면
에는 이보다 조금 더 작은 2개의 화산인 프로메테우스(왼쪽 측면)와 아미라니(두 화산의 중간, 밤과 낮의
경계면에 위치)가 분출하고 있는 모습이 보인다. 트배시타의 불꽃 한가운데에서 붉게 빛나고 있는 용
암과 화산에서 분출된 먼지 입자가 파란 구름 모양으로 빛나는 것을 볼 수 있다.

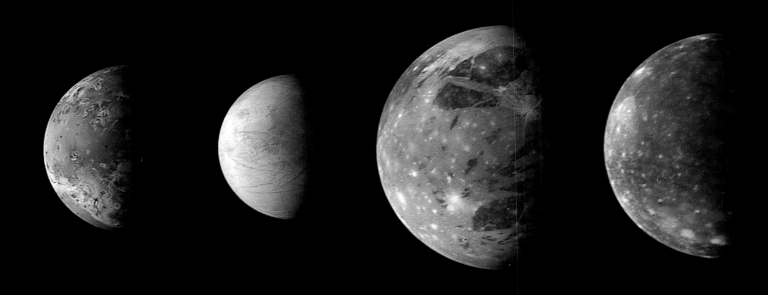

목성의 위성

갈릴레오 위성이라고 불리는 목성의 4대 위성인 이오, 유로파, 가니메데, 칼리스토의 모습. 뉴호라이즌스호가 2007년 목성에 근접 비행을 하면서 촬영한 이미지로 구성했다. 목성에서 가까운 순서로 나열하였고 상대적인 크기를 나타내기 위해 크기를 조정하였다.

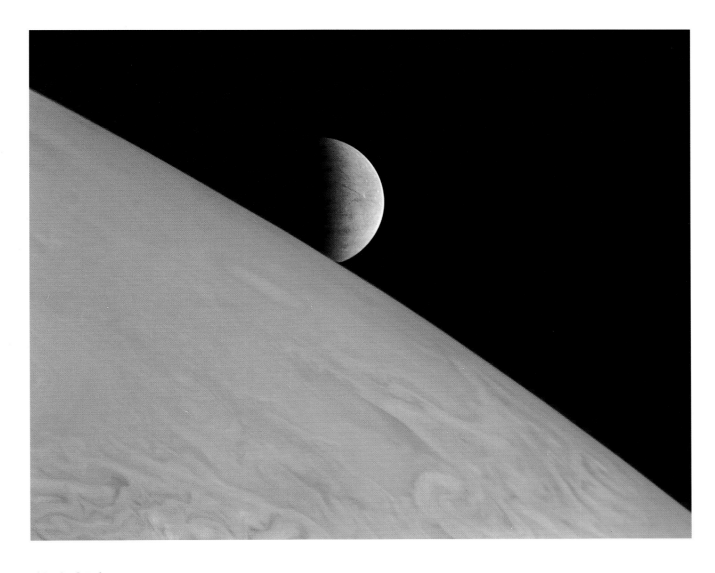

떠오르는 유로파

갈릴레오 위성 중에서 크기가 가장 작은 유로파의 모습. 2007년 2월, 뉴호라이즌스
호가 근접 비행 중 촬영하였다.

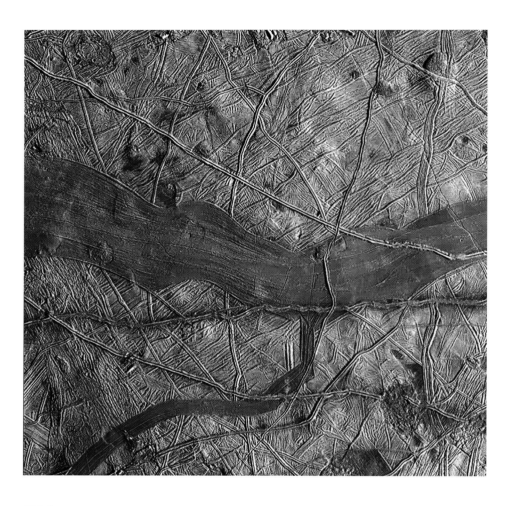

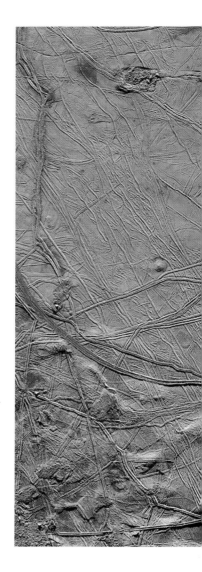

유로파

목성의 위성인 유로파의 모습. 이 이미지는 갈릴레오호가 1997년에 촬영한 흑백 이미지에 1998년
촬영한 저해상도 컬러 이미지를 조합한 것이다. 푸르스름한 흰색 지역은 물이 얼어 있음을 나타내
며, 빨간색 지역은 얼음과 수화염(소금 분자가 물 분자와 느슨하게 결합된 것)을 포함하고 있다.

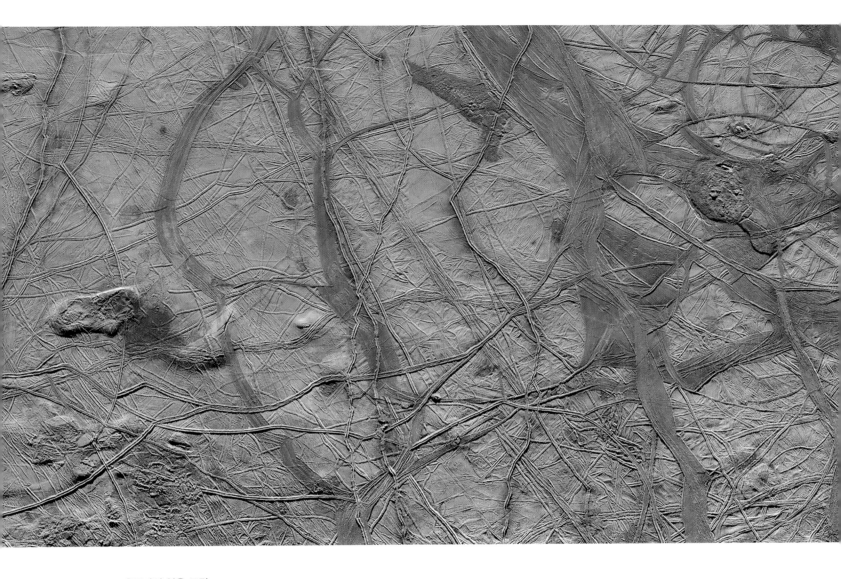

유로파의 얼음 표면

유로파는 태양계 위성 중 반사율이 매우 높은 편에 속하며 과학자들은 유로파의 얼음 밑에 생명을 품고 있는 바다가 있을 것으로 추측하고 있다. 1998년에 NASA의 갈릴레오호가 촬영한 여러 장의 고해상도 및 저해상도 이미지를 합쳐 색상을 강조한 이 이미지에는 유로파 표면의 모습이 담겨 있다. 오래된 단층과 새로 생성된 단층이 서로 엇갈려 물려 있으며, 어두운 곳은 오래전에 위성 표면이 쪼개진 부분을 의미한다. 과학자들에 따르면, 이 지역에는 유로파의 표면 아래에 있는 바다에서 올라온 소금물이 우주 공간으로 증발하면서 침전물이 생성되었으며, 이로 인해 수화염이 풍부하게 존재하고 있다고 한다. 또한 과학자들은 유로파 표면의 얼음이 지질학적으로 활동적이며, 해저 바닥에 있는 화학 물질과 상호작용할 수 있는 귀중한 산화제를 운반하여 생명이 서식할 수 있는 환경의 가능성을 만든다고 믿고 있다.

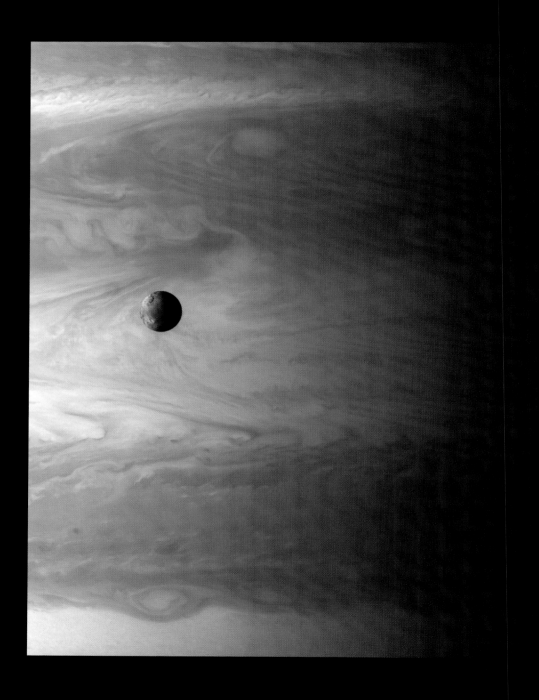

이오와 목성

목성의 위성 이오가 목성의 구름을 배경으로 지나가고 있는 그림 같은 모습을 카시니호가 2001년 1월에 촬영하였다. 이오는 목성과 직접 상호작용하는 것으로 보이며, 이오는 목성의 2.5배 크기에 해당하는 약 35만km 정도 목성에서 떨어져 있다. 거대한 화산 활동으로 유명한 이오는 목성의 가장 잘 알려진 위성 중 하나이다. 목성에는 67개의 위성이 있으나 그중에서 대부분은 지름이 10km가 채 되지 않는다.

| 위 |

목성의 고위도 지역

카시니호가 촬영한 목성 고위도 지역의 실제 컬러 이미지. 북극 지역의 얼룩덜룩한 구름은 저위도 지역의 구름과 화학적 조성과 두께가 다르다는 것을 분명하게 보여 준다.

| 오른쪽 |

이오와 그림자

카시니호가 목성으로부터 1,950만km 떨어진 곳에서 촬영한 목성의 실제 컬러 이미지(원본은 2000년 12월에 촬영). 이 이미지에는 황금빛의 아주 작은 위성인 이오와 이오의 그림자가 거대 행성의 저위도 지역을 지나는 모습이 담겨 있다. 이오는 목성의 다섯 번째 위성으로, 태양계의 위성 중 네 번째로 크고 가장 활발한 화산 활동이 일어나고 있다. 또한 약 45억 년 전에 태어났으며 목성과 대략 비슷한 나이를 가지고 있다. 이오는 목성 주위를 타원 궤도로 공전하면서 중력의 변화에 의해 늘어났다 줄어들었다를 반복한다. 이로 인해 이오의 표면은 용암 호수와, 녹은 암석으로 만들어진 볼록한 평원으로 덮여 있다. 이오의 검은색 영역은 규산염 암석이 있음을 의미하며, 흰색과 빨간색 부분은 다양한 유황 화학 물질을 나타낸다.

목성의 전개도

목성의 남반구와 북반구의 모습이 담겨 있는 이 컬러 지도는 2000년 12월 11일에서 12일 사이에 카시니호가
토성으로 향하면서 협시야각 카메라로 촬영한 36개의 이미지를 조합하여 만들었다.

목성 대적반의 변화

과학자들은 허블 우주 망원경에 탑재된 광시야각 카메라 3을 이용하여 목성의 바람, 구름과 폭풍을 관측하면서 목성의 전체 지도를 만들었다. 과학자들은 대적반이 작아지고 있으며 2014년에서 2016년 사이에 242km가 줄어들어 보다 더 둥글게 변하였음을 확인하였다. 대적반은 목성의 특이한 고온의 원인일 수도 있으며, 최근에 과학자들은 대적반이 있던 남반구 부근 위치의 온도가 더 높다는 것을 관측하였다. 대적반에서는 대적반 상공 805km에 이르는 대기

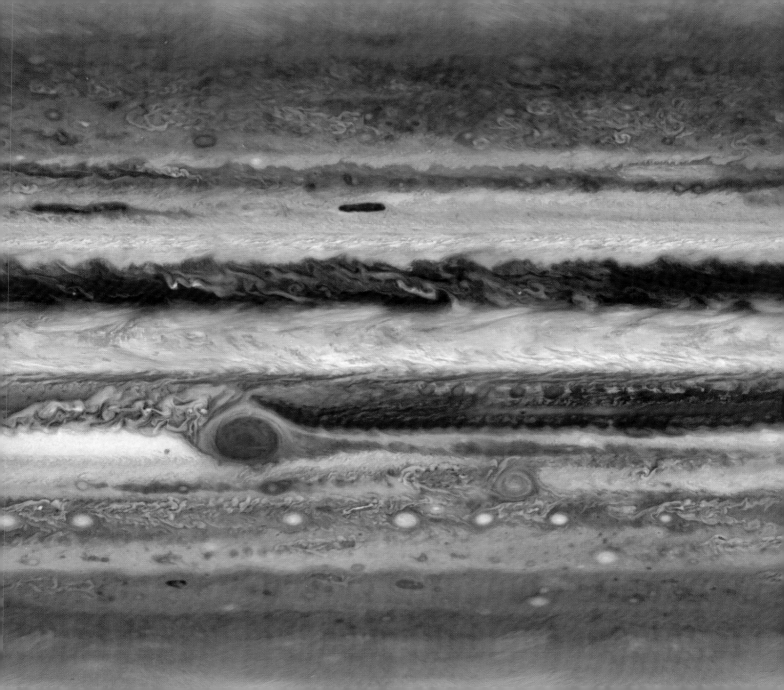

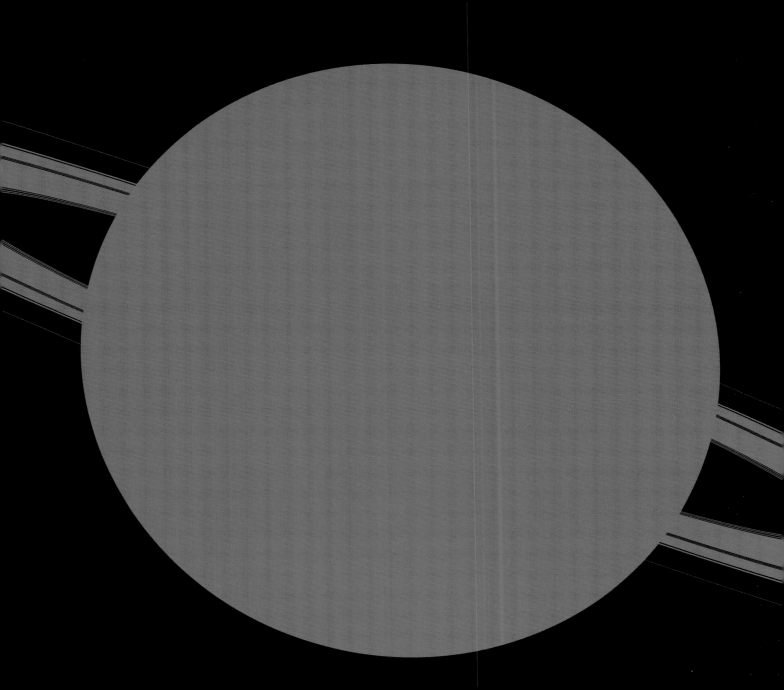

SATURN

토 성

토성의 주야 평분시

고리 행성 및 그 위성에 대한 자세한 탐구를 위해 토성의 주위를 돌던 카시니호가 2009년 8월에 토성의 놀라운 모습을 촬영하였다. 이 이미지는 토성의 주야 평분시 즉, 태양이 토성의 적도 바로 위에 있을 때 촬영한 것이다. 토성의 주야 평분시는 매우 가끔, 지구 시간으로는 15년에 한 번씩 일어난다. 토성의 주야 평분시에는 지구에서 토성의 고리를 보기가 아주 어렵지만, 카시니호는 8시간 동안 빛과 어둠 속을 가로지르며 이 모자이크 이미지를 촬영할 수 있었다. 이 이미지에서 몇 개의 위성을 볼 수 있다. 가장 왼쪽, 고리 바깥쪽에 야누스가 빛나고 있으며 중간 아래쪽에는 에피메테우스가 어렴풋이 보인다. 오른쪽의 가장 멀리 떨어진 고리 바깥쪽에는 판도라가 작은 점으로 보이며 판도라 바로 위, 가장 바깥쪽 고리 안쪽에는 아틀라스가 떠 있다.

어두운 토성과 테티스

2015년에 카시니호가 촬영한 이미지로, 토성의 위성 테티스가 왼쪽 아래, 토성의 고리 바로 아래쪽에 간신히 보이는 정도의 점으로 찍혀 있다. 또한 북극의 상징적인 구름무늬인 토성 북극 육각형이 토성의 위쪽, 그림자 바로 위로 보인다.

겨울이 다가오는 토성의 남반구

토성의 기울어진 자전축으로 인해 남반구가 태양에서 멀어지게 되면 겨울이 다가오며, 태양 빛이 줄어듦에 따라 이 이미지에서 보이는 것과 같이 푸르스름한 색을 띠게 된다. 연무에 의해 태양으로부터의 자외선이 줄어들어 메탄의 흡수가 늘어나면서 푸르스름하게 되는 현상이 촉진되며 작은 입자가 분출된다. 2013년 7월에 카시니호가 빨간색, 초록색, 파란색 필터를 이용하여 촬영한 여러 장의 이미지를 합성하여 이 자연 색상의 이미지를 만들었다.

토성 북극의 회오리바람과 육각형

이 이미지는 2014년에 카시니호가 토성으로부터 320만km 떨어진 곳에서 스펙트럼 필터를 이용하여 근적외선으로 촬영한 것이다. 토성의 거대한 고리는 1610년, 갈릴레오호가 최초로 관측하였다. 고리는 주로 얼음 암석과 탄소 먼지로 구성되어 있다. 토성의 육각형 모양의 구름 폭풍은 북극 주변에서 확실히 볼 수 있다. 토성은 밀도가 낮고 자전 속도가 빨라서 극 직경(극에서 행성 중심까지의 거리)은 적도 지름의 90% 정도이다. 토성은 10시간 34분 주기로 자전을 하며 이는 태양계에서 두 번째로 빠른 것이다. 자전 주기가 가장 짧은 행성은 목성으로 9시간 54분에 한 번 자전한다(자전 속도가 적도에서는 더 짧고 극지방에서는 더 길기 때문에 하루의 길이는 몇 분씩 변한다.).

토성 북극에 핀 빨간색 장미

2012년 카시니호는 근적외선에 민감한 스펙트럼 필터를 이용하여 이 가상색 이미지를 촬영하였다. 빨간색 영역은 낮은 고도의 구름, 초록색 영역은 높은 고도의 구름을 의미한다. 이 사진은 태양광을 이용하여 이 지역을 촬영한 최초의 사진 중 하나이다. 카시니호는 2004년에 토성에 처음으로 도착했지만 이때 북극은 어둠에 휩싸인 겨울이었다. 보이저호는 1980년과 1981년에 토성을 지나가면서 이 구름이 있다는 증거 사진을 촬영하였지만 과학자들은 1998년까지 관련 데이터를 분석하지 않았으며, 카시니호가 토성에 도착할 때까지 이 구름의 존재는 확인되지 않았다. 토성의 북극에 있는 이 구름은 강력한 허리케인이며, 이 사진은 폭풍의 눈을 클로즈업한 것이다.

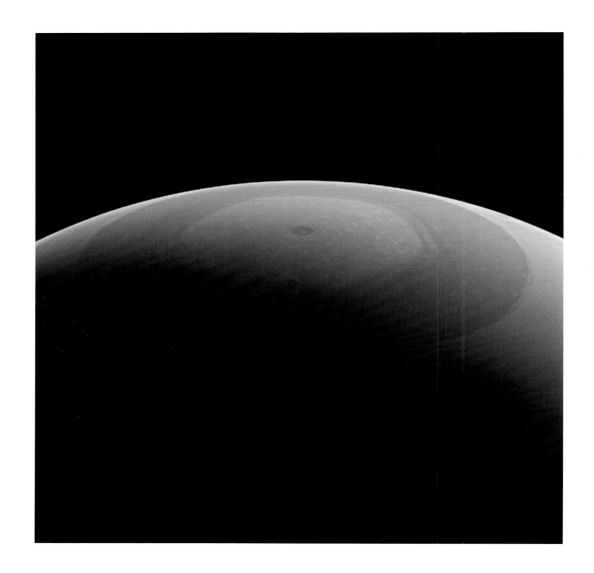

토성의 북쪽 제트 기류

이 자연색 이미지는 2013년 7월에 카시니호가 촬영하였다. 중앙에 있는 노란색 육각형 고리는 토
성의 북쪽에 흐르는 제트 기류이다. 관측 결과에 의하면 이 육각형은 계절 변화에 상관없이 수년
간 그 형태를 유지하고 있다.

|지에서 토성의 북극에 있는 엄청난 크기의 폭풍과 연두색의 육각형 형태를 띠고 있는 제트 기류
|의 안에 있는 폭풍은 32,000km에 걸쳐 있으며 이는 지구 지름의 2배가 넘는다. 어두운 빨간색으
2,010km이며 속도는 초당 531km에 이른다. 눈의 바깥쪽에는 주황색으로 표시된 낮은 구름이 있

| 위 |

적외선 촬영한 소용돌이

2013년 6월 14일에 카시니호에 탑재된 적외선 기술을 통해 토성의 북극 중심에 있
는 거대한 폭풍의 눈을 촬영하였다. 과학자들은 폭풍이 얼마나 오랫동안 지속되고
있었는지 정확히 알지 못하지만 최소한 약 30년은 되었다는 것은 알고 있다. 이러
한 패턴은 보통 지구상에서는 상당히 빠르게 퍼져 나가지만, 고리 행성에는 허리
케인을 분산시키는 지형이 없기 때문에 이 폭풍은 아무런 방해도 받지 않고 계속
회전하며 사방에서 불어오는 바람으로 인해 형태를 유지하게 된다.

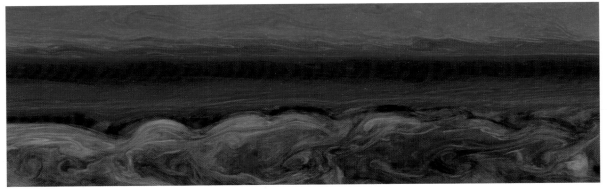

토성의 역광 사진

색상을 강조한 이 이미지는 2012년 10월, 카시니호에 탑재된 광시야각 카메라로 촬영하였다. 이 놀랍고도 귀한 역광 사진은 카시니호가 토성의 그림자 속에서 카메라를 토성과 태양을 향하도록 함으로써 촬영할 수 있었다. 이미지의 왼쪽 아래에 토성의 위성인 엔셀라두스와 테티스가 토성의 고리 아래에 있는 것을 볼 수 있다.

| 왼쪽 |

토성 B 고리의 바큇살 무늬

이 이미지의 중심 부근에 있는 토성의 B 고리를 가로지르는 듯한 느낌의 여러 바큇살 무늬를 볼 수 있다. B 고리는 토성의 고리 중에서 가장 밝고 넓으며 무겁다. 바큇살 무늬에 대해서는 아직 완전히 이해하지 못했지만, 토성의 자기장에 의해 전하를 띠게 된 먼지 입자로 추측된다.

| 왼쪽 |

토성 고리의 그림자

카시니호의 광시야각 카메라로 촬영한 이 이미지는 토성 고리의 그림자가 토성 본체에 드리워진 모습을 보여 준다. 토성이 공전하면서 이 행성의 남반구에 겨울이 오면, 고리의 그림자 끝자락은 토성의 남쪽으로 길게 드리워진다. 토성의 고리는 태양계에서 가장 불가사의한 특징 중 하나로, 멀리서 보면 4개의 두꺼운 고리와 3개의 가느다란 고리로 구성되어 모두 7개의 고리 그룹으로 구성된 것처럼 보인다. 카시니호가 촬영한 이미지에서 볼 수 있듯이 7개의 고리 그룹은 아주 가느다란 수천 개의 고리로 구성되어 있다. 각각의 고리 시스템은 A 고리, B 고리와 같이 알파벳으로 이름이 붙어 있다. 이는 토성으로부터의 거리와는 상관이 없으며 발견한 순서대로 이름을 붙인 것이다. 실제로 카시니호가 끊임없이 움직이는 고리 시스템에 대한 추가 정보를 얻음에 따라 더 많은 고리 그룹과 작은 고리를 발견할 수 있었다.

토성의 위성: 야누스, 판도라, 엔셀라두스

2005년에 카시니호가 촬영한 이 이미지에는 토성의 62개의 위성 중 3개의 위성이 담겨 있다. 크레이터가 아주 많은 위성인 야누스는 토성의 바로 왼쪽에서 고리 바로 위를 떠다니는 것처럼 보인다. 판도라 위성은 야누스의 오른쪽에 있으며 밝은 고리의 바로 위에 있다. 한편, 커다란 엔셀라두스는 이미지의 오른쪽 위에서 판도라 바로 위에 가장 큰 점으로 보인다. 이 사진은 NASA에서 아무런 가공도 하지 않은 이미지 데이터 즉, 원본 이미지이다.

테티스와 토성의 고리

토성의 위성인 테티스에는 크레이터가 많으며, 대부분 얼음으로 구성되어 있다. 이 위성은 이미지상에서 검은색 띠로 보이는 토성의 고리 바로 아래에 있다. 테티스 아래쪽에 있는 띠는 토성 표면에 드리워진 고리의 그림자이다. 이 이미지는 2015년에 카시니호에 탑재된 광시야각 카메라로 촬영하였다.

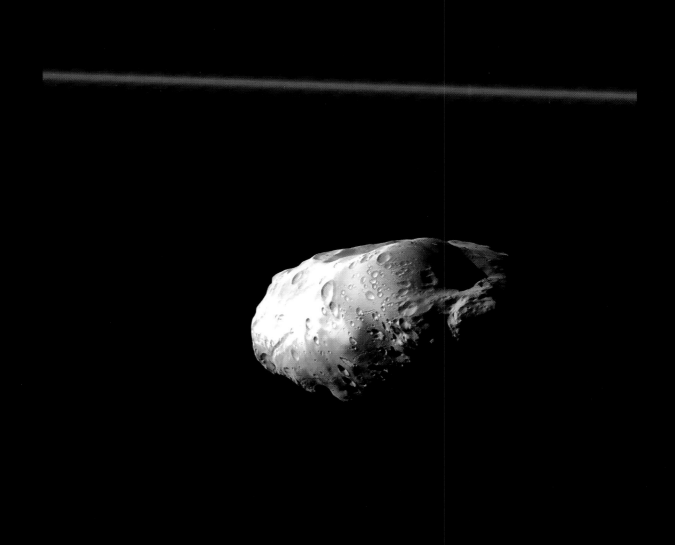

프로메테우스

크레이터가 많고 감자 모양인 토성의 위성 프로메테우스의 자세한 모습을 담은 이 이미지는 2015년 12월, 카시니호가 토성에 근접 비행을 할 때 카시니호에 탑재된 협시야각 카메라로 촬영하였다. 이 위성으로부터 약 37,000km 떨어진 곳에서 촬영했음에도 불구하고 특이하게 찌그러진 모습과 표면에 있는 크레이터, 산맥 그리고 계곡의 모습을 선명하게 볼 수 있다. 프로메테우스는 사진에서 프로메테우스 위에 있는 F 고리 안에 있다.

히페리온

2005년 9월 26일, 카시니호가 토성에 근접 비행 시 촬영한 토성의 위성 히페리온의 가상색 이미지.

에피메테우스

2015년 12월에 카시니호는 협시야각 카메라를 이용하여 토성의 다섯 번째 위성인 에피메테우스를 35,400km 떨어진 지점에서 촬영하였다. 이 사진은 아주 작은 에피메테우스를 촬영한 이미지 중에서 가장 해상도가 높은 것 중의 하나이다. 에피메테우스의 크기는 116km로 이는 미국 로스엔젤레스의 크기와 비슷하다. 길쭉한 모양을 한 에피메테우스는 약 17시간마다 한 번씩 토성 주위를 공전하며 자매 위성인 야누스와 궤도를 공유한다. 이 두 위성은 야누스/에피메테우스 먼지 고리 안쪽의 궤도를 돌며 토성과 두 위성 사이의 거리가 주기적으로 바뀐다. 에피메테우스와 야누스는 토성 생성 초기에 다른 위성이 파괴된 후 만들어진 것으로 생각된다.

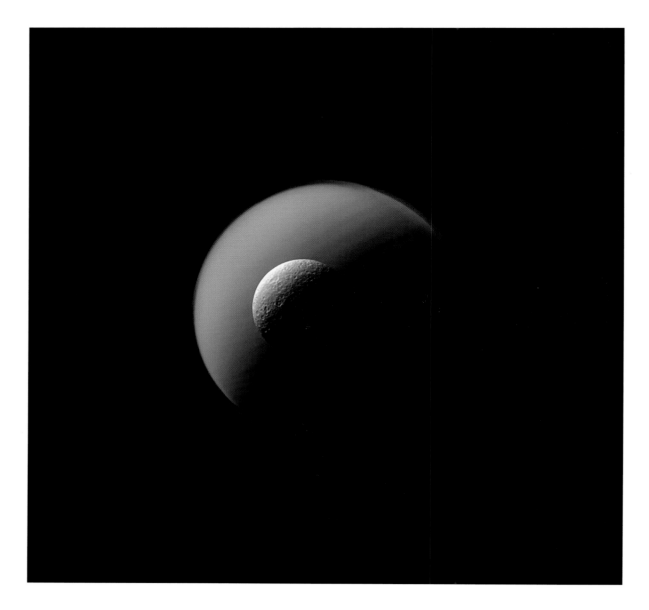

레아와 타이탄

이 실제 색상의 사진에는 토성의 위성 2개가 서로 가까이 있는 것처럼 보인다. 앞에 있는 위성이 레아이며, 타이탄이 그 뒤에 있다. 그러나 이 이미지를 촬영할 당시, 카시니호의 협시야각 카메라는 레아에서 약 180만km, 타이탄에서 250만km 떨어져 있었다. 토성의 위성 중에서 타이탄이 가장 크며(지름 5,150km), 레아가 두 번째로(지름 1,530km) 크다.

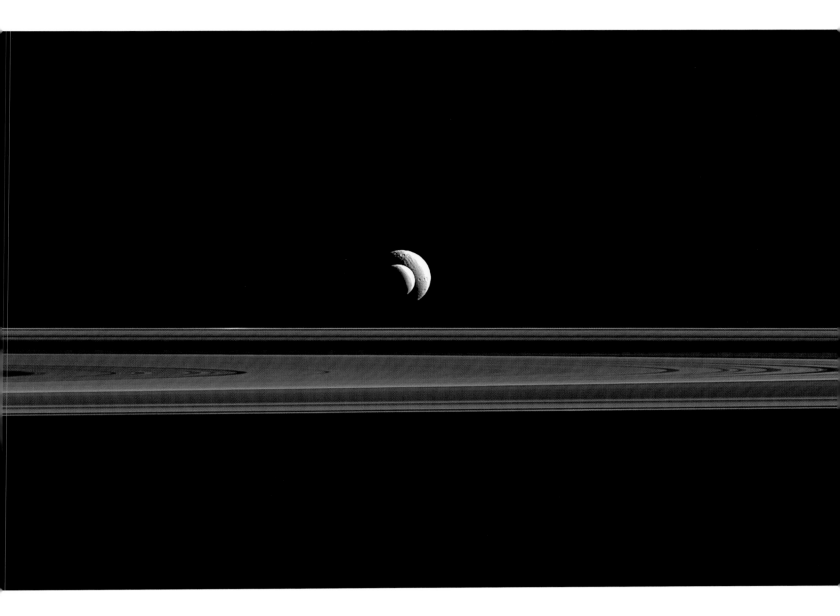

동심원으로 늘어선 엔셀라두스와 테티스

카시니호가 협시야각 카메라를 토성 고리의 어두운 쪽으로 돌렸을 때 토성의 위성 2개가 일렬로 서 있었다. 이 사진에서 앞쪽에 있는 위성인 엔셀라두스는 지름이 약 504km이며 테티스는 1,062km이다. 사진에서 두 위성은 가까이 있는 것처럼 보이지만 실제로는 56,700km 떨어져 있다.

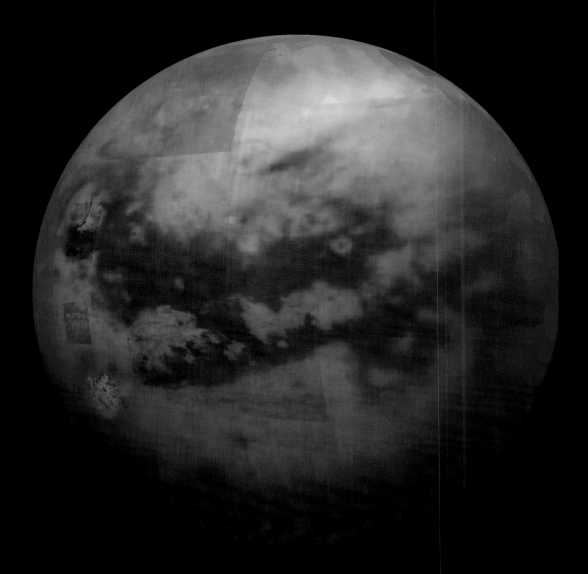

타이탄

이 이미지는 2015년 11월, 카시니호가 가시광선 및 적외선 지도 작성 분광계로 토성에서 가장 큰 위성인 타이탄의 모습을 촬영한 여러 이미지를 조합한 것이다. 카시니호는 토성을 마주하고 있던 타이탄의 반구를 향하고 있었으며, 모래 언덕으로 뒤덮인 펜살 지역의 모습을 담아냈다. 타이탄은 수성보다 크며 태양계에서 두 번째로 큰 위성이다(가장 큰 위성은 목성의 위성인 가니메데). 타이탄은 또한 우리 태양계에서 두터운 대기가 있는 유일한 위성이다. 주로 질소로 구성되어 있는 대기 아래, 타이탄의 차가운 표면에는 액체 에탄과 메탄이 담겨 있는 수많은 웅덩이가 있으며 용암 대신 물을 포함하고 있는 얼음 화산이 있다. 타이탄에는 충돌 크레이터가 많지 않기 때문에 과학자들은 타이탄의 표면이 상당히 젊다고 생각한다.

리게이아 바다

가상색 모자이크로 구성한 리게이아 바다의 모습. 리게이아 바다는 타이탄에서 두 번째로 큰 바다로써 카시니호
가 2006년 2월에서 2007년 4월 사이에 촬영하였다. 리게이아 바다는 에탄이나 메탄과 같은 탄화수소로 구성되어
있으며 타이탄의 북극 지역에 위치한다.

엔셀라두스와 토성의 고리

카시니호가 촬영한 이 이미지에서 엔셀라두스는 토성의 고리 위에 떠 있으며, 위성 표면을 덮고 있는 얼음층에 지속적으로 얼음 입자를 뿌리고 있다. 엔셀라두스는 E 고리의 외곽에서 공전한다. 흐릿한 도넛 모양의 E 고리는 이 사진에서는 보이지 않는다. 엔셀라두스에서 분출하는 얼음 입자는 사진에서 가장 밝게 보이는 F 고리에 입자를 제공한다.

162

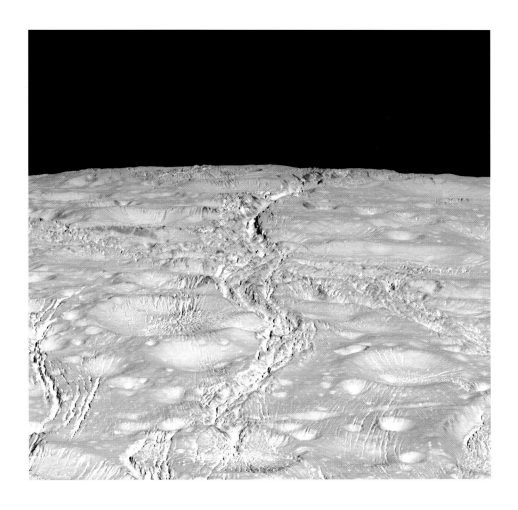

| 왼쪽 |

엔셀라두스 남극 부분의 간헐천 분지

카시니호가 2010년 11월 30일에 촬영한 엔셀라두스 이미지에는 엔셀라두스의 상징이라고 할 수 있는 간헐천이 위성의 그림자 속에서 뿜어져 나오는 모습이 담겨 있다. 이 사진은 토성이 주야 평분시를 지난 직후에 촬영되었다.

| 위 |

엔셀라두스 북극의 갈라진 지형

2015년 10월 14일, 엔셀라두스에서 6,440km 떨어진 곳에서 카시니호가 촬영한 이미지로, 위성의 북극을 지나는 여러 가느다란 갈라진 틈새의 모습을 보여 준다.

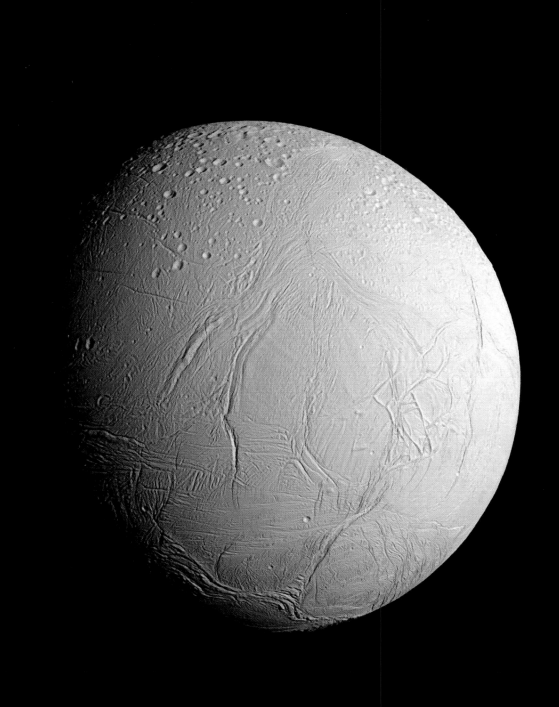

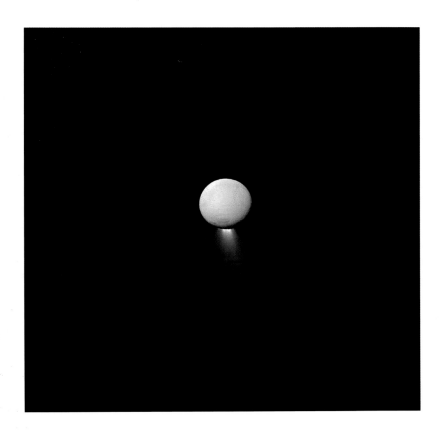

| 왼쪽 |

엔셀라두스의 물기둥

토성의 위성인 엔셀라두스가 마치 빛을 내뿜는 것 같은 느낌을 주는 이 이미지는 2013년에 카시니호가 이 위성으로부터 약 832,000km 떨어진 곳에서 협시야각 카메라로 촬영하였다. 번쩍이는 빛처럼 보이는 것은 사실 위성의 남극에서 고속으로 분출되는 물줄기이며, 이는 엔셀라두스에 활성화된 얼음 화산 활동이 있다는 증거이기도 하다. 이 이미지의 광원은 토성 그 자체로, 보통은 카시니호와 태양이 엔셀라두스의 반대 방향에 있을 때만 물이 분출하는 모습을 볼 수 있다. 분출물은 호랑이 무늬를 닮은 깊이 갈라진 틈에서 나와, 시간당 30,580km의 속도로 우주에 솟구친다. 과학자들은 이 분출물이 엔셀라두스의 표면 아래 소금물로 이루어진 거대한 대양으로부터 나온다고 믿고 있다.

| 왼쪽 |

엔셀라두스의 지형

토성의 얼음 위성인 엔셀라두스의 북쪽에 있는 곰보 자국처럼 보이는 크레이터를 이 이미지의 위쪽에서 볼 수 있다. 적도 지역과 남쪽은 물결 모양의 평원이 특징이다.

| 다음 페이지 왼쪽 |

토성의 고리와 그림자

카시니호가 2014년에 촬영한 이 극적인 이미지는 거의 가장자리에서 바라본 토성 고리의 모습을 보여 준다. 토성 고리의 그림자가 행성의 남반구에 둥글게 드리워져 있다.

| 다음 페이지 오른쪽 |

디오네와 엔셀라두스

2015년 6월, 카시니호가 토성에 근접 비행할 때 촬영한 이 이미지에는 토성에서 네 번째로 큰 위성인 디오네의 모습이 담겨 있다. 이미지의 오른쪽 위에는 엔셀라두스가 멀리 떨어진 작고 밝은 점으로 보인다.

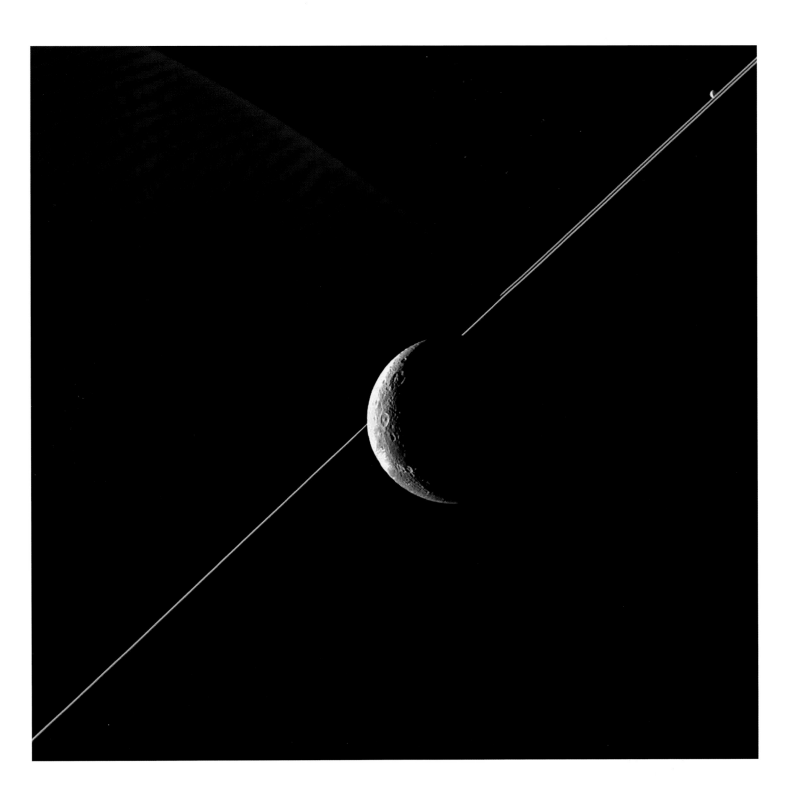

디오네와 레아

카시니호가 촬영한 이 이미지에서는 토성의 위성 디오네(아래)가 위성 레아(위)보다 커 보인다. 하지만 실제로는 레아가 더 크다. 디오네의 지름은 1,123km이지만 레아는 1,527km나 된다. 그러나 이 이미지를 촬영할 당시 카시니호는 디오네와 더 가까웠기 때문에 디오네가 더 크게 보이는 것이다. 촬영 당시 디오네는 카시니호에서 109,400km, 레아는 482,800km 떨어져 있었다.

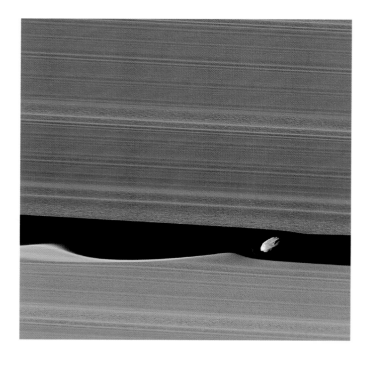

다프니스가 만든 물결

카시니호가 토성의 위성 다프니스를 가장 가까이에서 촬영한 이미지. 다프니스의 지름은 8km에 불과하지만, 토성의 고리에 물결을 만들기에는 충분할 정도의 질량을 가지고 있다. 다프니스가 궤도를 돌면 중력이 고리의 입자를 끌어들여 이미지의 왼쪽 아래와 같은 물결을 만들게 된다.

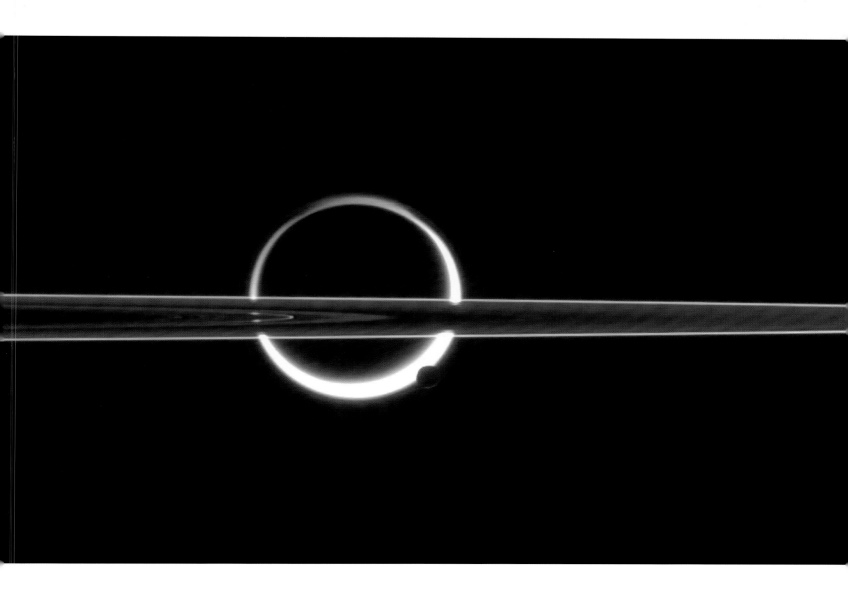

타이탄, 엔셀라두스 그리고 토성의 고리

카시니호가 2006년 6월에 촬영한 이미지는 토성의 위성 타이탄의 눈부신 실루엣이 토성의 고리에 의해 마치 잘린 것
처럼 보인다. 또 다른 위성 엔셀라두스는 오른쪽 아래에서 이 풍경 속을 지나가고 있다. 이 사진을 찍을 당시 엔셀라두
스는 카시니호로부터 390만km, 타이탄은 530만km 떨어져 있었으며 가시광선 중에서 빨간색으로 촬영한 것이다. 우주
생물학자들은 타이탄과 엔셀라두스에 적당한 공급이 있다면 인간이 거주할 수 있을 것이라고 믿고 있다. 타이탄의 경
우에는 산소마스크와 따뜻한 옷 그리고 지구의 16일에 해당하는 타이탄의 하루를 견딜 수 있는 마음가짐이 필요하다.
반면, 얼음 간헐천 위성인 엔셀라두스는 그나마 따뜻한 남극 지역도 영하 84도일 정도로 매우 춥다.

| 왼쪽 |

토성 고리의 수직 구조물

2009년 8월, 토성이 주야 평분시에 이르기 직전에 카시니호가 촬영한 이미지로, 토성의 B 고리에서 삐죽 솟아 나온 수직 구조물과 이로 인해 만들어진 연속적이고 꾸불꾸불한 그림자의 모습을 볼 수 있다. 수직 구조물은 두께가 9m에 불과한 납작하고 얇은 고리로부터 2.6km나 솟아나 있으며, 수직으로 솟아오른 것은 위성의 중력이 고리에 압력을 가하면서 고리에 있는 물질이 튀어나온 것이다. 이것은 위성과 고리 사이의 복잡한 관계를 보여 주는 유일한 사례이다.

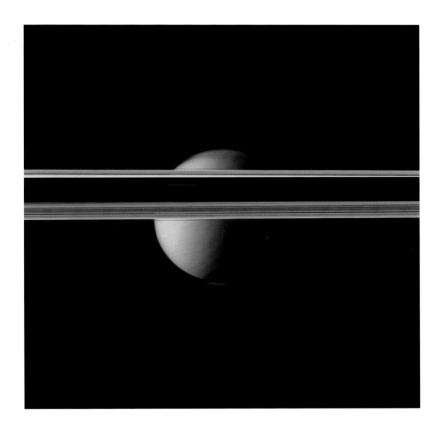

| 오른쪽 |

타이탄

2012년 카시니호가 촬영한 토성의 위성 타이탄의 모습. 위성 일부의 모습이 토성 고리에 가려 있으며, 어두운 물질에 의해 타이탄 대기의 다른 부분보다 어두워 보이는 "북극관"과 카시니 임무 초기에는 존재하지 않았던 가스가 회오리치는 지역인 "남극 회오리"를 볼 수 있다.

| 왼쪽 |

디오네

2016년 10월에 카시니호는 이미지 처리 과정을 거치지 않은 토성의 위성 디오네의 원본 이미지를 촬영하였다. 이 작은 위성은 우리의 달이 지구를 도는 거리와 거의 비슷하게 토성과 떨어진 곳에서 공전한다. 비록 이 사진에서는 보이지 않지만, 토성 E 고리의 아주 미세하고 연기 같은 얼음 가루(엔셀라두스로부터 나오는 간헐천 활동의 부산물)가 끊임없이 디오네에 달라붙는다.

토성 표면을 지나는 엔셀라두스

엔셀라두스가 토성의 고리 위를 지나는 조용한 점처럼 보인다. 하지만 실제로 엔셀라두스의 지각은 매우 활동적이며 액체 상태의 소금물이 있는 바다가 얇은 껍질에 둘러싸여 있다는 사실을 카시니호가 밝혀냈다.

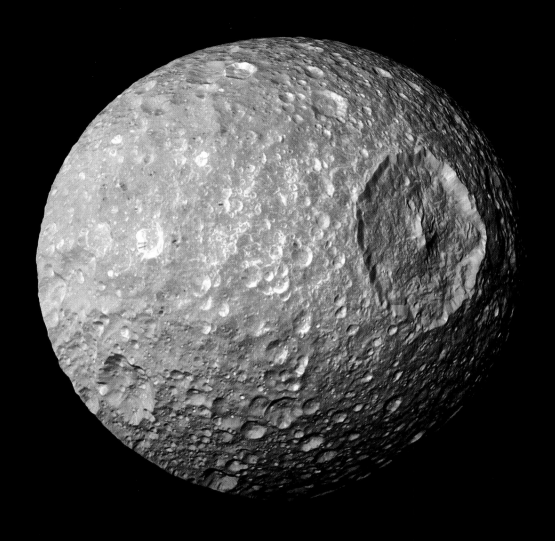

미마스

2010년에 카시니호가 촬영한 여러 개의 이미지를 합쳐서 만든 토성의 위성 미마스의 모습. 미마스는 토성의 가장 안쪽 궤도를 도는 위성이며, 토성의 위성 중 가장 작은 위성으로 반지름이 198km이다. 오른쪽 위에 있는 커다란 허셸 크레이터는 위성 표면의 1/3을 덮고 있다. 미마스는 밀도가 매우 낮기 때문에 과학자들은 미마스가 거의 얼음으로 되어 있을 것으로 추측하고 있다.

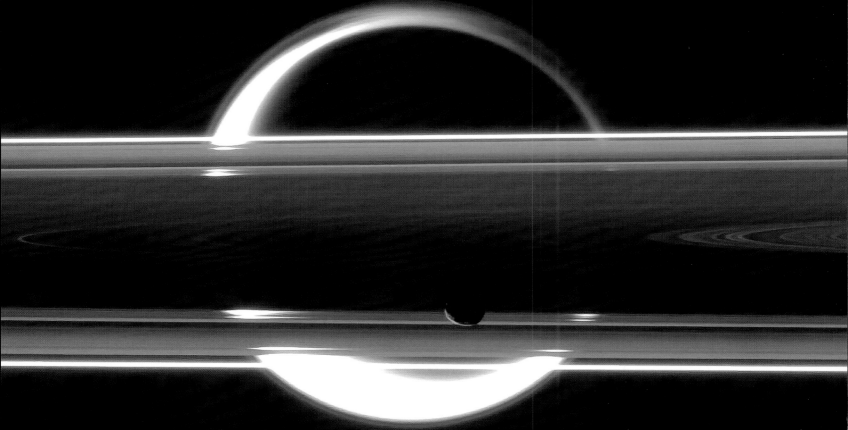

| 왼쪽 |

야누스와 타이탄

2006년에 촬영한 원본 이미지에는 토성의 위성 야누스와 토성의 고리가 담겨 있으며 배경에는 타이탄이 보인다.

| 왼쪽 위 |

야누스의 모습

토성의 위성 야누스가 검은 우주를 배경으로 토성의 표면 위를 지나가는 모습을 포착한 이미지. 2012년 3월 카시니호가 촬영하였으며 아무런 보정도 하지 않은 원본 이미지이다. 이 이미지에 나타나 있는 점이나 줄무늬는 대부분 우주선(Cosmic Ray)의 형태로 카메라의 전자 검출기에서 발생한 노이즈에 의해 나타난 현상이다. 촬영을 위한 긴 노출 시간으로 인해 이미지에 상당량의 노이즈가 존재한다.

| 오른쪽 위 |

야누스의 두 번째 모습

왼쪽 위의 이미지를 촬영한 다음 날, 카시니호가 촬영한 야누스의 가공하지 않은 원본 이미지. 배경이 우주에서 밝은 토성으로 바뀌었다.

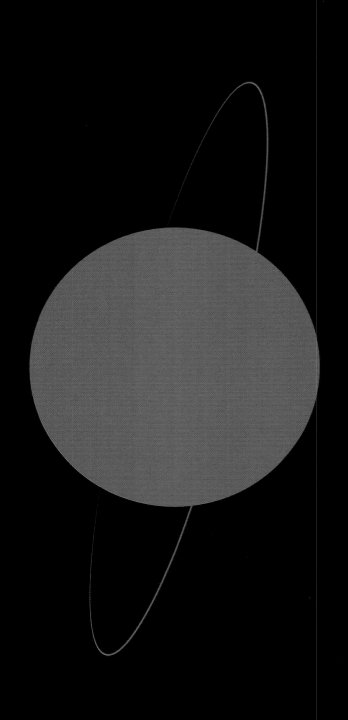

URANUS

천 왕 성

천왕성

1986년 1월, 보이저 2호가 천왕성을 지나가면서 3개의 컬러 필터를 이용하여 천왕성의 가상색 이미지를 촬영하였다. 태양계의 일곱 번째 행성이자 태양계에서 가장 차가운 이 행성은 태양 주위를 한 바퀴 도는 데 84년이 걸린다. 천왕성의 자전축은 98도 기울어져 있기 때문에 태양 주위를 누워서 공전한다. 과학자들은 아주 오래전에 천왕성이 지구 크기의 행성과 충돌하면서 자전축이 극적으로 기울어졌을 것이라 생각한다. 천왕성은 거대한 가스 행성 중에서 질량이 작은 편이며 지구 질량의 14.5배이다(해왕성은 지구의 17배, 토성은 95배, 목성은 무려 318배나 된다.). 보이저 2호는 이 차가운 행성을 방문한 유일한 탐사선이며 천왕성에 접근하여 수천 장의 사진을 촬영하였다. 이 이미지는 보이저호가 촬영한 천왕성의 이미지로, 지구에 있는 망원경을 통해 우리가 알고 있었던 천왕성에 대해 조금 더 알게 되었을 뿐이지만, 천왕성 주위에 2개의 고리가 더 있다는 사실과 이전에는 몰랐던 10개의 새로운 위성을 발견하였다.

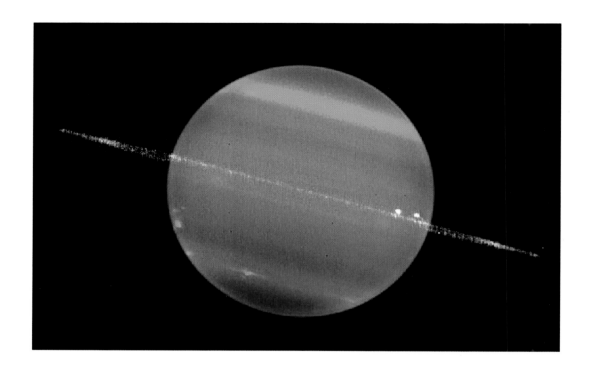

| 위 |

천왕성의 합성 이미지

케크 천문대(The Keck Observatory)에서 적외선 필터를 이용해 촬영한 천왕성 이미지에 인간의 눈으로
볼 수 없는 고리의 모습이 담겨 있다. 이 고리는 필터를 장착하지 않는 망원경을 통해 관측했을 때
는 아주 어둡게 나타나는 어두운 얼음덩어리로 구성되어 있다.

| 오른쪽 |

완벽한 푸른 구슬

보이저 2호가 촬영한 천왕성 본체의 이미지로, 천왕성 전체를 둘러싸고 있는 대기의 모습을 보여
준다. 1977년에 지구에서 발사한 보이저 2호는 이 차가운 행성에 1986년에 도착하여 천왕성으로
부터 81,500km 떨어진 곳에서 5.5시간 동안 천왕성을 관찰하였다. 천왕성의 대기는 85%의 수소와
15%의 헬륨으로 구성되어 있으며, 과학자들은 대기 상부의 두꺼운 구름 805km 아래에 기체가 끓
는 바다가 있을 것이라고 생각한다. 보이저 2호 과학자들은 10개의 새로운 위성도 발견하였으며
(현재 27개 위성의 존재를 알고 있다.) 이 중에서 그랜드 캐니언보다 12배나 깊은 협곡이 있는 위성 미란
다는 지질학적인 활동을 하고 있다.

천왕성의 두 모습

2004년에 케크 천문대에서 적외선 촬영한 이미지를 조합해 만든 이미지. 천왕성의 자전축은 98도
기울어져 있기 때문에 항상 누워 있다. 사진에서 4시 방향이 천왕성의 북극이다.

| 오른쪽 |

천왕성 고리의 어두운 쪽

2007년에 케크 천문대에서 적외선 촬영한 이미지에는 차가운 거대 행성 고리의 모습이 담겨 있다. 태양 빛은 태양에 노출된 천왕성의 한쪽에서 퍼져 나와 고리의 어두운 쪽을 비춘다.

| 아래 |

천왕성의 고리와 위성

2003년 8월에 허블 우주 망원경에 장착된 ACS(Advanced Camera for Surveys, 첨단 관측 카메라)로 촬영한 천왕성의 이미지에는 먼지, 부스러기, 암석 등으로 구성된 천왕성의 고리와 6개의 위성이 나타나 있다. 이미지의 오른쪽 아래에 있는 아리엘부터 시계 방향으로 각각 데스데모나, 베린다, 포셔, 크레시다 그리고 퍽이 보인다.

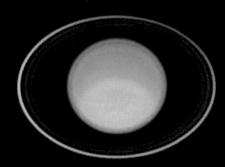

| 위 |

적외선 촬영한 천왕성의 모습

허블 우주 망원경이 1996년에 촬영한 적외선 이미지를 통해 우리는 천왕성의 대기를 언뜻 살펴볼 수 있다. 이미지상에서 천왕성을 둘러싼 살짝 퍼진 빨간색 층과 그 아래쪽에 보이는 노란색 부분은 대기의 상층이며, 파란색 부분은 보다 낮은 곳에 있는 대기층을 의미한다. 이 사진을 통해 천왕성의 대기는 여러 층으로 구성되어 있음을 알 수 있다. 한편, 행성의 고리는 이미지 처리 과정을 통해 밝게 표현되어 있지만 실제로는 육안으로 볼 수 없다.

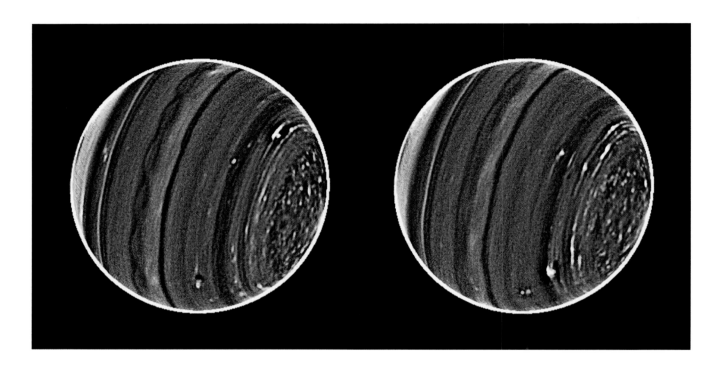

천왕성의 대기

케크 천문대에서 촬영한 이 한 쌍의 이미지는 오늘날 우리가 볼 수 있는 가장 정
밀한 천왕성의 적외선 이미지이다. 대류 활동이 일어나고 있는 구름이 북극 부
근에 있으며(천왕성의 오른쪽 부분) 적도 부근에는 물결 형태의 구름 띠가 존재한다.

| 왼쪽 |

천왕성 북쪽의 검은색 점

허블 우주 망원경이 2006년에 촬영한 이미지에는 천왕성 관측 이래로 처음 포착된 검은색 점(천왕성 표면 오른쪽 중간에 있는 반점. 북극에 가깝다.)이 나타나 있다. 이 반점은 천왕성 대기의 상층부에서 빠르게 변화하는 폭풍 구름으로 추정된다.

| 오른쪽 |

아리엘

아리엘은 천왕성의 27개 위성 중 네 번째로 큰 위성이다. 허블 우주 망원경이 촬영한 이 사진에서 천왕성의 표면에 그림자를 드리우며 지나가는 아리엘의 모습이 밝은 흰색 점으로 포착되었다.

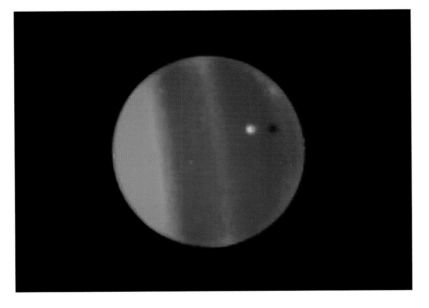

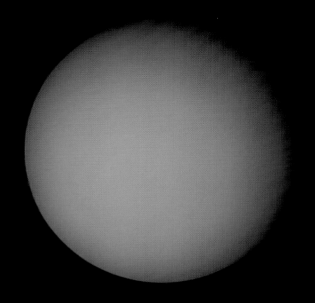 

실제 색과 가상색으로 표현한 천왕성

왼쪽의 이미지는 천왕성의 실제 색상이며 오른쪽은 천왕성의 극 부분을 자세히 볼 수 있도록 가상색
으로 처리한 것이다. 두 이미지 모두 1986년에 보이저 2호에 탑재된 협시야각 카메라로 촬영하였다.

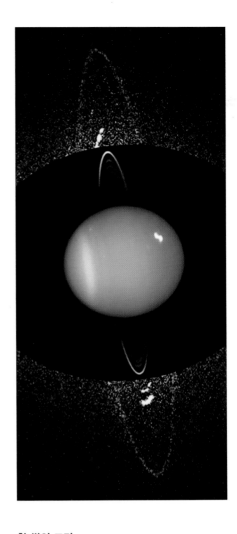

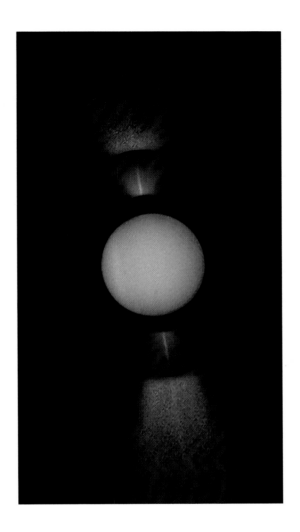

한 쌍의 고리

2005년에 허블 우주 망원경은 기존에 알고 있던 고리(사진에서 검은 우주를 배경으로 있는 밝은 고리) 너머에 있는 희미하고 거대한 고리 한 쌍을 천왕성에서 새로 발견하였다. 이미지의 맨 위와 아래에 있는 가장 큰 고리는 그 지름이 기존 고리의 2배에 달한다. 두 번째 고리는 기존의 고리와 새로 발견한 큰 고리의 중간에 밝은 얼룩의 모양으로 보인다. 새로 발견한 2개의 고리는 이전에 발견하지 못했던 위성인 맵 그리고 큐피드와 상호작용한다.

천왕성의 고리 시스템

2007년, 허블 우주 망원경이 촬영한 이미지에는 얼음 행성 주변에 흐릿한 플래시 효과를 만들고 있는 천왕성 고리의 전체적인 모습이 담겨 있다. 고리는 밝고 좁은 가시 모양으로 이미지의 위아래로 뻗어 있다. 하지만 천왕성의 표면을 지나는 부분의 고리는 이 이미지에서 볼 수 없는데, 이는 천왕성 표면의 밝은 빛을 제거하는 과정에서 행성 표면을 지나는 고리의 모습이 제거되었기 때문이다.

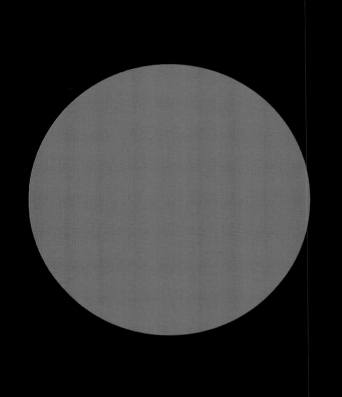

NEPTUNE
해 왕 성

해왕성, 태양계의 여덟 번째 행성

1989년, 보이저 2호가 천왕성으로부터 약 710만 km 떨어진 곳에서 초록색과 주황색 필터를 이용하여 협시야각 카메라로 촬영한 천왕성의 모습. 행성의 중앙부에는 유명한 대흑점이 보인다. 대흑점은 거대한 폭풍이며 그 안쪽에는 구름이 거의 없다. 해왕성 대기의 상층에는 거대한 고속의 폭풍으로 가득하다. 해왕성의 중력은 목성에 이어 두 번째로 강력하며, 대기는 주로 수소와 헬륨으로 구성되어 있다. 하지만 해왕성의 메탄 성분이 붉은빛을 흡수하기 때문에 해왕성은 밝은 파란색을 띤다. 해왕성은 태양에서 가장 멀리 떨어진 행성인 만큼 그 공전 주기도 무려 165년이나 된다. 보이저 2호는 이 푸른 행성 근처를 지나간 유일한 탐사선이며 이 책에서 앞으로 나올 사진은 물론 해왕성에 관한 많은 정보를 제공하였다. 1977년에 발사된 보이저 2호는 4개의 외행성을 모두 탐사한 유일한 우주선이며 현재는 우리 태양계의 가장 바깥쪽에 있다. 2007년 9월, 보이저 2호는 태양계의 경계 중의 하나인 "말단 충격 (Termination Shock)"이라고 하는, 태양풍(태양으로부터 방출되는 전하를 띤 입자)의 속도가 음속 이하로 낮아지는 지역을 통과하였다. 말단 충격 지역은 지구에서 84천문 단위 떨어진 곳에 있다. 1천문 단위는 1억4천9백60만km이며 태양과 지구 사이의 평균 거리를 의미한다.

해왕성의 점

이 해왕성의 합성 사진은 1989년 보이저 2호가 해왕성에 근접 비행하면서 협시야각 카메라로 촬영하였다. 사진의 가운데 부분에는 지구와 비슷한 크기이면서 압력이 높은 계절성 폭풍인 대흑점의 모습이 담겨 있다. 대흑점의 바로 아래에는 "스쿠터(Scooter)"라는 별명을 가진 작고 밝은 삼각형의 새털구름 조각이 있으며 스쿠터의 오른쪽 아래에는 소흑점으로 알려진 중심부가 밝은 둥근 모양의 폭풍이 보인다. 이 폭풍은 남극 가까이에 위치하고 있다.

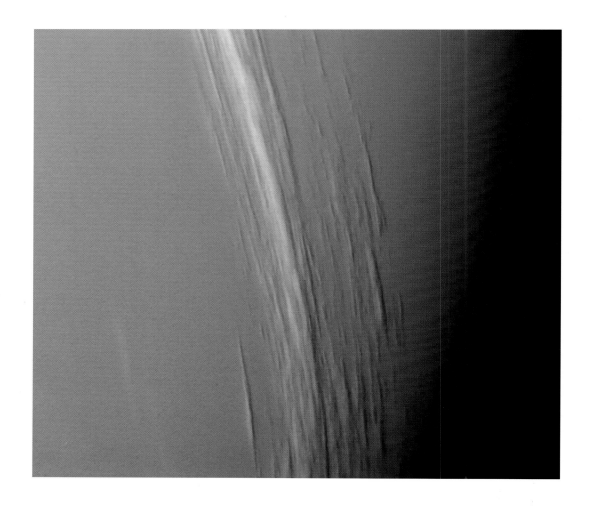

해왕성의 새털구름

이 고해상도 이미지는 일련의 구름이 해왕성 동쪽, 낮과 밤의 경계선 부근에 약 200km에 걸쳐 기다랗게 늘어선 모습을 보여 준다. 사진의 구름은 해왕성 대기의 높은 곳에 위치하여, 한쪽 면은 햇빛을 받고 있지만 반대쪽은 더 낮은 곳에 있는 구름에 그림자를 드리우고 있다. 해왕성 구름의 성분은 고도에 따라 다르다. 사진에 있는 새털구름과 같이 가장 높은 층의 경우에는 얼어붙은 메탄으로 되어 있으며, 이보다 낮은 곳에 있는 구름은 황화수소, 황화암모늄, 암모니아 그리고 물로 구성되어 있다.

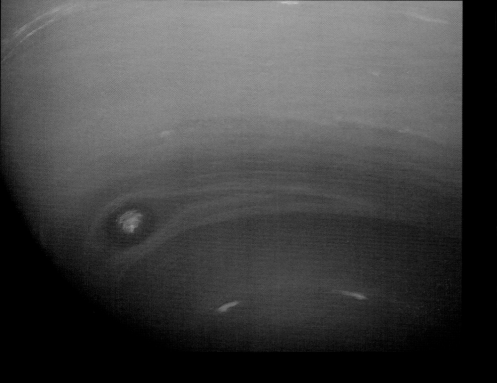

해왕성의 남반구

해왕성 남반구를 클로즈업한 이 이미지에는 해왕성 남쪽에서 부는 바람과 거대한 구름 시스템의 모습이 담겨 있다. 여기서 보이는 폭풍은 소흑점이라는 별칭을 갖고 있다.

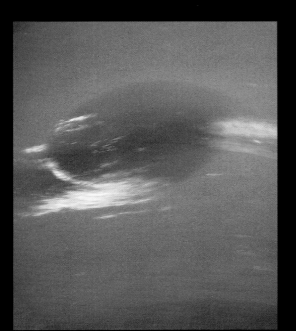

해왕성의 대흑점

보이저 2호가 촬영한 대흑점은 바람개비 같은 구조를 지녔으며, 반시계 방향으로 회전하는 해왕성의 폭풍을 볼 수 있다.

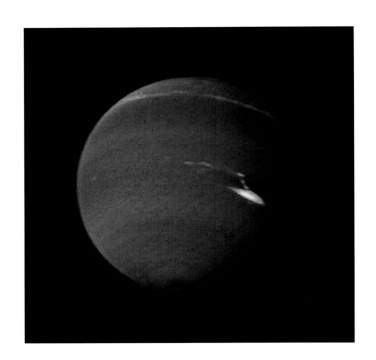

해왕성의 대기

이 가상색 이미지는 보이저 2호에 탑재된 광시야각 카메라로 촬영한 것이다. 흰색 점은 대기 높은 곳에 있는 구름이며 대흑점의 바로 남쪽에 위치하고 있다(이 구름은 흰색 점 주변을 감싸고 있는 분홍색으로 나타나 있다.). 파란색 부분은 해왕성 대기의 낮은 곳에 있는 물체를 의미한다.

| 오른쪽 |

해왕성을 둘러싼 연무

이 가상색 이미지에서 해왕성을 감싸고 있는 빨간색 부분은 해왕성을 비추는 햇빛을 흩트리는 반투명한 연무이다.

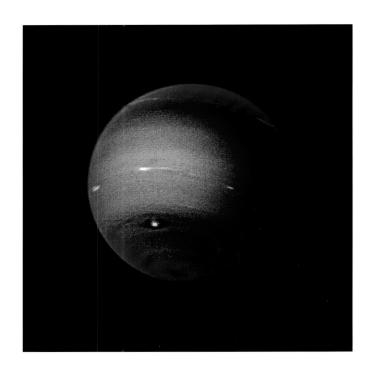

해왕성의 가장 바깥쪽 고리

이 이미지에서 해왕성의 가장 바깥쪽에 있는 가느다란 고리에 특별히 밝은 세 부분을 볼 수 있다. 이곳은 다른 곳에 비해 물질의 밀도가 높고 균일하지 않게 밀집되어 있음을 나타낸다. 과학자들은 이 현상에 대해 의문을 제기하고 있는데, 운동의 법칙에 의하면 물질은 고리 전체에 고르게 분포하고 있어야 하기 때문이다.

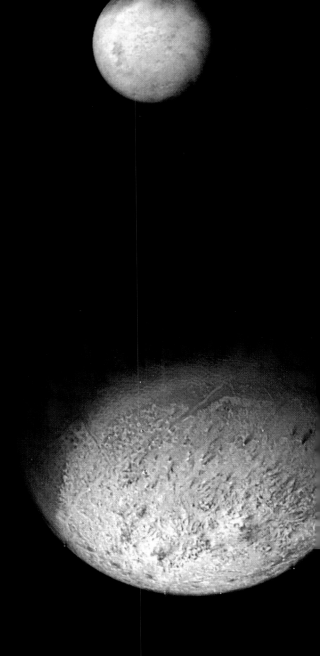

해왕성의 위성 트리톤

보이저 2호의 컬러 필터를 통해 촬영한 3장의 이미지를 조합한 이미지로, 남반구의 밝고 얼룩진 표면은 딱딱한 얼음으로 되어 있음을 의미한다.

트리톤의 남반구

이 가상색 이미지는 트리톤에서 약 531,000km 떨어진 곳에서 촬영했으며 트리톤의 밝은 남반구와 거친 지형을 볼 수 있다.

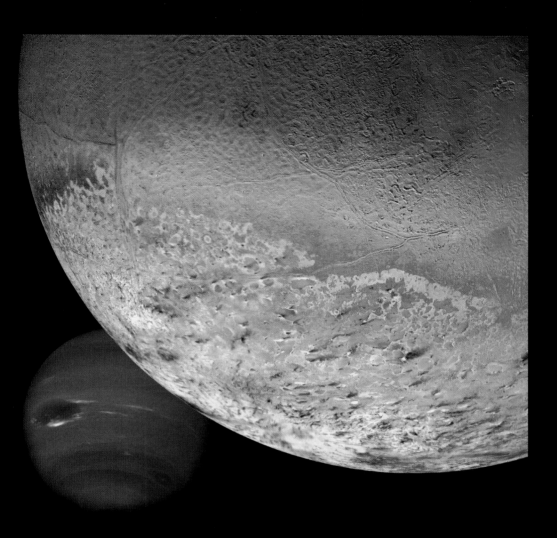

트리톤에 접근

해왕성의 위성 트리톤의 모자이크 이미지와 해왕성의 이미지를 합쳐서 만든 이 합성 이미지는 해왕성에 있는 13개의 위성 중 가장 큰 위성의 뒤편에서 해왕성을 바라봤을 때의 모습을 보여 준다. 트리톤의 표면에서는 태양광에 노출되어 침식된 트리톤 남극관의 자세한 모습, 몇 개의 크레이터와 용암으로 이루어진 평원 그리고 차가운 용암이 흐른 흔적을 볼 수 있다. 트리톤의 표면은 고체 질소로 이루어져 있으며 중심에는 암석과 금속으로 이루어진 고밀도의 핵이 있을 것으로 추측된다. 트리톤은 우리가 알고 있는 큰 위성 중에서 유일하게 역회전하는 공전 궤도를 가지고 있다. 즉, 해왕성의 자전 방향과 반대 방향으로 공전한다. 트리톤은 원래 카이퍼 벨트에 있는 천체로 수백만 년 전, 해왕성의 중력에 의해 붙잡힌 천체일 것이라고 과학자들은 추측한다. 우리의 달과 같이 트리톤도 모행성인 해왕성과 동주기 자전(위성이 모행성을 한 번 공전할 때마다 한 번 자전하는 현상)을 하기 때문에 해왕성에서는 트리톤의 한쪽 면만 볼 수 있다.

데스피나

해왕성의 네 번째 위성인 데스피나 이미지는 파란색, 주황색, 보라색, 초록색 필터를 이용하여 촬영한 4개의 영상을 합쳐서 만든 것이다. 데스피나의 지름은 약 145km이며 8시간 주기로 해왕성 주변을 공전한다. 불규칙한 형태를 하고 있으며 지질학적인 활동이 없는 이 위성은 해왕성의 적도면을 따라 고리의 안쪽에서 공전하고 있다.

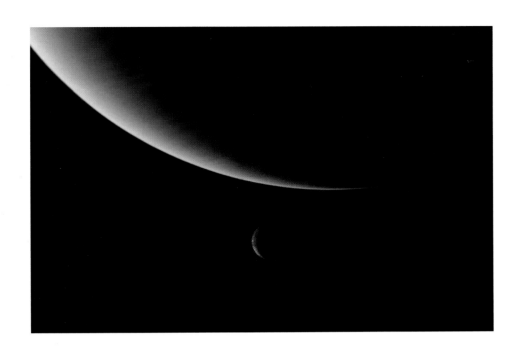

| 왼쪽 |

초승달 모양의 해왕성과 트리톤

이 이미지는 보이저 2호가 1989년 해왕성에 가장 가까운 곳을 지난 직후에 촬영하였다. 태양의 고도가 높은 이 시점에는 해왕성이 붉은빛을 흡수하지 않기 때문에 파란색으로 보이지 않는다. 해왕성의 아래쪽으로 위성인 트리톤이 보인다.

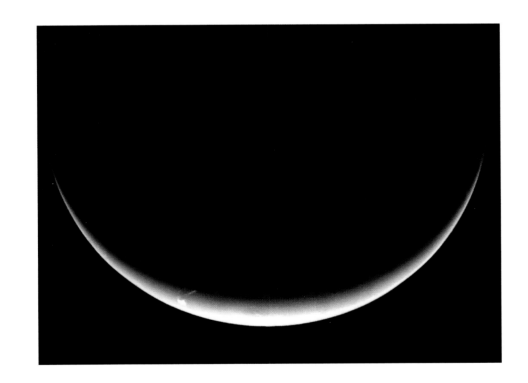

| 오른쪽 |

초승달 모양의 해왕성

보이저 2호가 해왕성과 멀어지면서 촬영한 해왕성의 남극 지역.

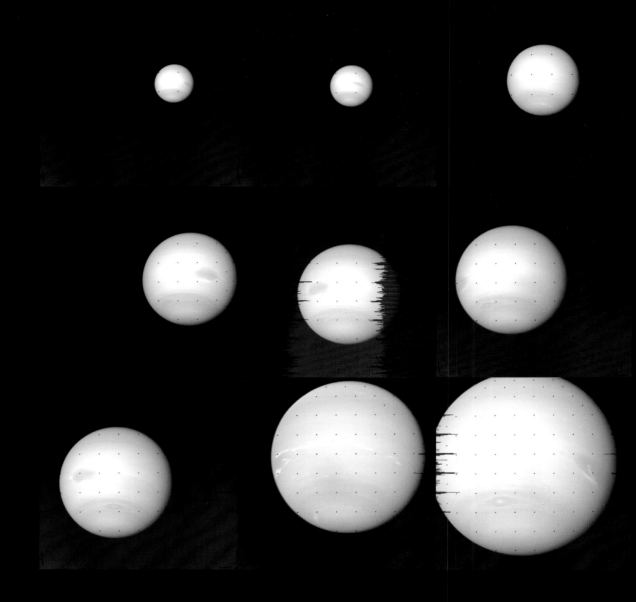

보이저 2호가 촬영한 해왕성의 원본 이미지

이 사진은 지구에서 발사된 후 약 12년이 지난 1989년 8월 25일, 보이저 2호가 해왕성에 근접 비행을 하면서 촬영한 가공 및 수정을 하지 않은 이미지를 순서대로 나열한 것이다. 보이저 2호가 촬영한 수많은 이미지 중에서 접근의 시각적인 진행 기록을 보여 주는 이미지를 골랐다. 보이저 2호가 해왕성의 북극 상공을 지날 때 가장 가까이 근접했으며 그 거리는 약 4,830km였다.

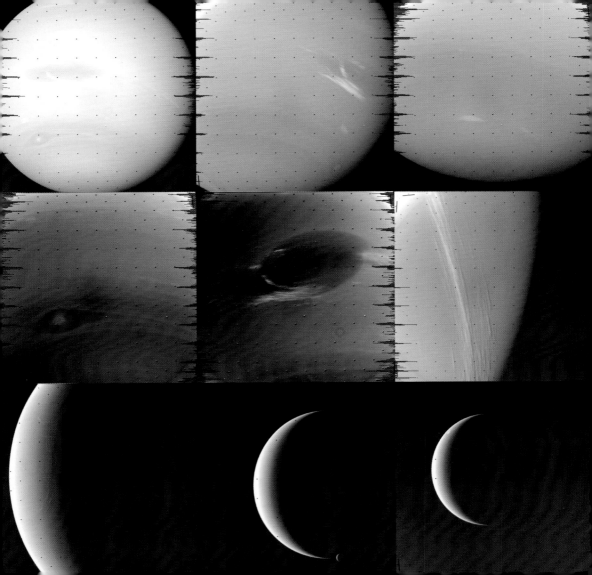

OTHER BODIES OF THE SOLAR SYSTEM

태양계의   다른천체

태 양

태양의 홍염

태양계 외곽에 있는 거대한 가스 행성도 무겁긴 하지만, 태양의 질량은 태양계 전체의 99.86%를 차지한다. SOHO(Solar and Heliospheric Observatory, 태양 관측 위성)에 탑재된 자외선 망원경으로 1999년에 촬영한 이 태양 이미지에는 태양 표면에 있는 거대한 홍염의 모습이 담겨 있다. 태양의 홍염은 태양 표면으로부터 뿜어 나오며 때로는 수십억km에 걸쳐 커지기도 하고 태양의 강력한 자기장 활동에 의해 몇 달간 그대로 지속되기도 한다. 홍염은 태양의 뜨거운 코로나(태양에서 우주로 수백만km 뻗어 나간, 태양을 둘러싸고 있는 플라즈마)에 비해 차갑지만, 갑자기 분출하거나 태양의 대기로부터 벗어나기도 한다. 이 이미지에서 뜨거운 지역은 흰색에 가깝게 표현되며, 어두운 빨간색 부분은 상대적으로 차가운 지역을 의미한다.

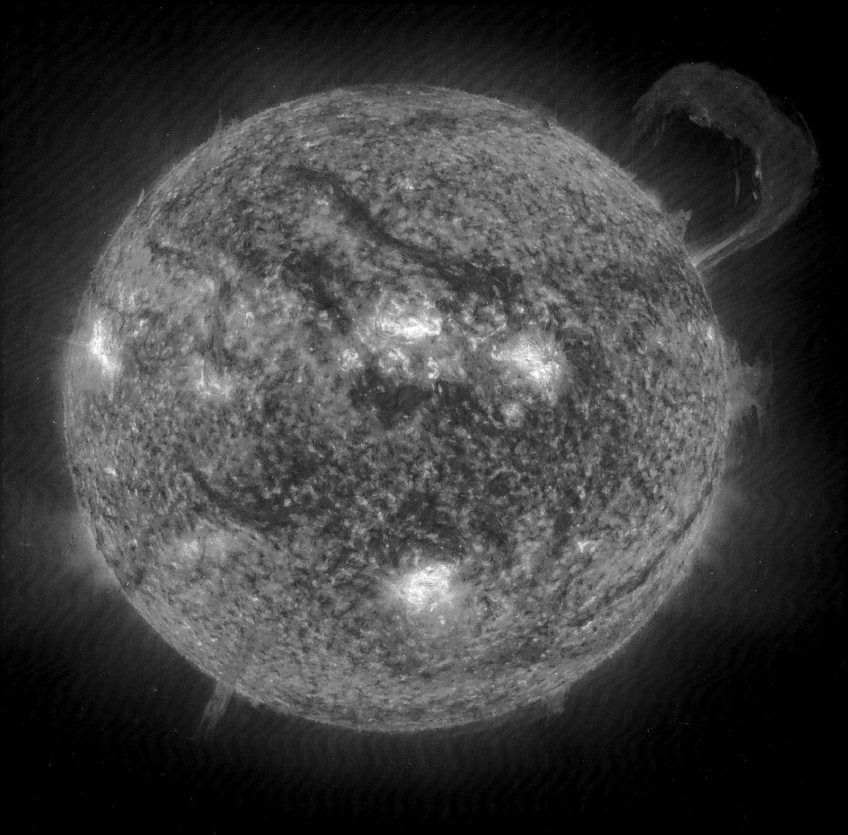

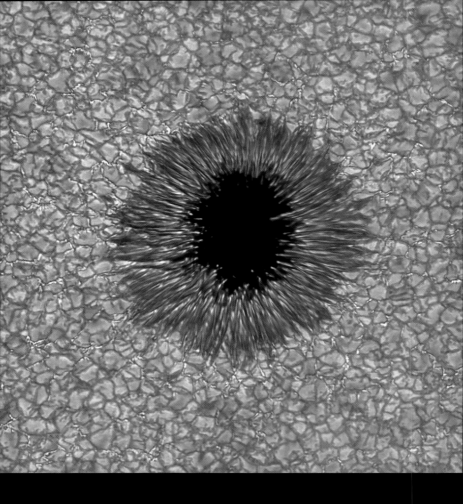

흑점의 자세한 모습

빅베어 태양 천문대에 있는 뉴저지 공과대학의 NST(New Solar Telescope, 신형 태양 망원경)를 이용하여 2010년에 촬영한 태양 흑점의 모습. 이 프로젝트의 비용 일부는 NASA가 부담하였다. 태양의 광구에 있는 거대한 흑점은 지구보다 조금 더 크다. 어두운 부분은 흑점에서 상대적으로 차가운 부분으로 본영(Umbra)이라고 하며, 이보다 조금 밝은 바큇살 무늬가 있는 부분은 본영보다 뜨거운 부분으로 반암부(Penumbra)라고 한다.

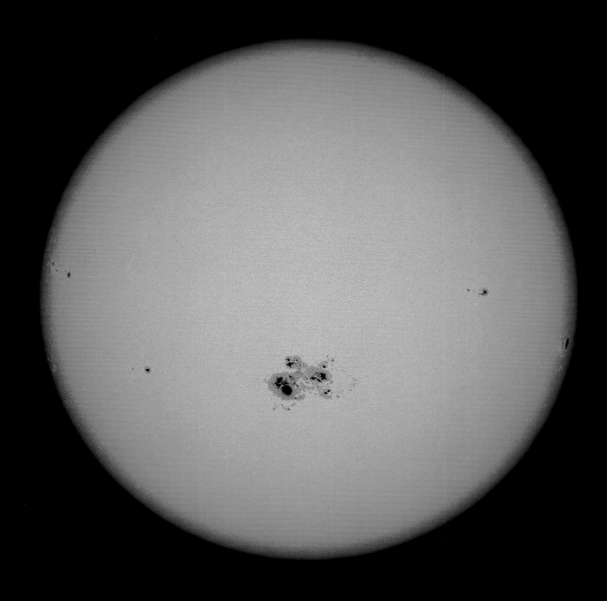

흑점

2014년, NASA의 SDO는 약 128,700km에 걸쳐 있는 거대한 흑점을 촬영하였다.
AR2192라고 하는 태양 활동이 강한 이 지역은 지구가 10개 들어갈 정도로 크다.

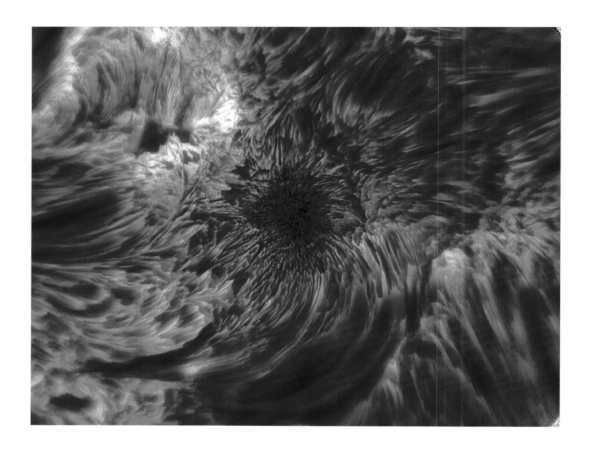

태양의 채층

NST가 촬영한 이 합성 이미지는 거대한 흑점(이미지의 중심부)을 둘러싼 채층의 모습을 보여 준다. 채층은 태양에 있는 수소가 붉은빛을 내는 불규칙한 모양의 층을 의미한다. 흑점 주변에 있는 선명하고 물결처럼 보이는 것은 뜨거운 플라즈마로 이루어진 튜브이며, 이들 중 대부분은 지구 지름보다 더 크게 뻗어 나간다.

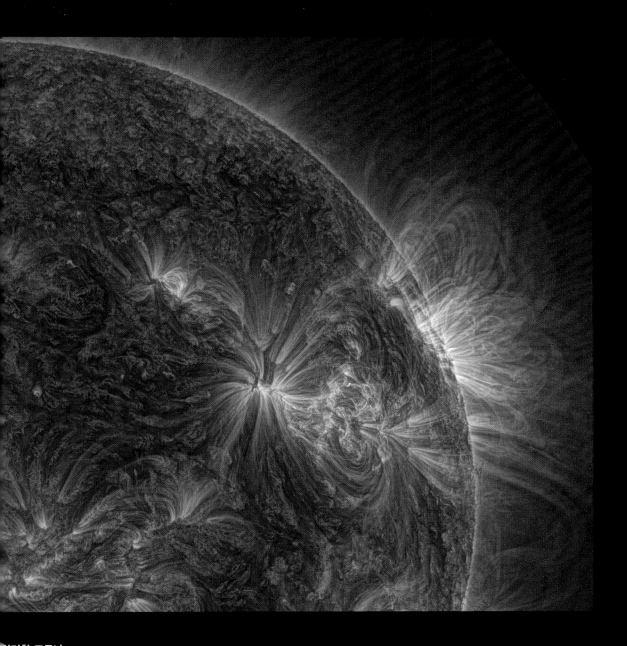

화려한 코로나

SDO가 촬영한 이 컬러 이미지에는 태양의 코로나에 있는 많은 양의 물질이 느린 속도로 폭발하도록 하는,
일련의 고속 제트의 모습이 담겨 있다. 이 폭발은 2013년 1월 17일에 시작하여 3일간 지속되었다.

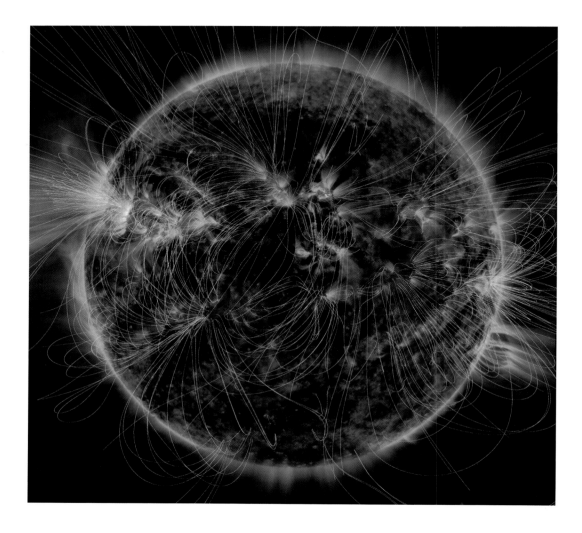

| 위 |

태양의 자기장

2016년 3월에 SDO가 자외선 촬영한 것을 컬러 처리한 이미지를, 우리 눈에는 보이지 않는 태양의 자기장을 표시한 그림에 겹쳐 놓았다. 이 거대한 자기장은 태양의 중심에서 일어나는 핵융합에 의해 발생하는 기체와 비슷한 상태인 플라즈마의 흐름에 의해 생성된다.

| 오른쪽 |

중간 규모의 태양 플레어

2014년 12월 16일에 SDO가 촬영한 태양 플레어(사진에서 태양 중간쯤에 있는 가장 밝고 빛나는 부분)의 모습. 태양 플레어는 태양 표면에서 거대한 양의 뜨거운 가스 입자를 아크 형태로 방출하는 자기 폭풍이다. 플레어는 우리 태양계에서 가장 커다란 폭발 현상이며 약 1시간 정도 유지된다. 그 짧은 시간 동안 플레어가 지구의 지진과 유사한 "태양 지진"을 일으키기도 한다. 태양 지진은 진원지에서 파동이 격렬하게 방출되는 강력한 지진 현상이다. 태양의 지진은 1906년에 샌프란시스코를 강타한 대지진의 4천 배가 넘는 양의 에너지를 방출한다.

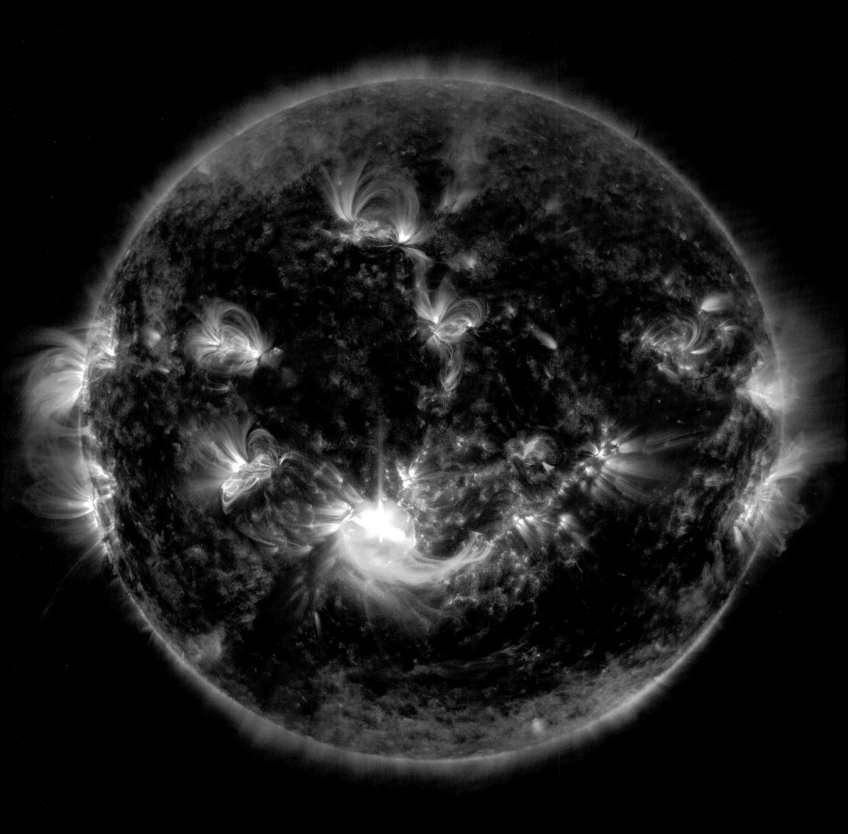

명 왕 성

왜소행성 명왕성

오랫동안 지구의 아홉 번째 행성이었던 명왕성은 2006년에 왜소행성으로 재분류 되었는데, 해왕성 너머에서 태양을 돌고 있는 카이퍼 벨트에 속해 있는 다른 천체와 큰 차이가 없기 때문이었다. 명왕성의 지름은 약 2,371km이며 이는 대략 지구 크기의 1/5에 해당한다. 명왕성은 여전히 과학적 연구 대상이기 때문에 NASA가 보낸 뉴호라이즌스호는 지구에서 약 48억km를 날아가 2015년에 명왕성에 도착하여 오른쪽 페이지에 보이는 상세한 모습의 명왕성 이미지를 지구로 전송하였다. 이 이미지는 뉴호라이즌스호에 탑재된 장거리 정찰 카메라와 "랄프"라는 별명을 가진 가시광선/적외선 카메라로 촬영한 데이터를 합친 것이다. 명왕성의 전체적인 모습이 담겨 있는 이 사진은 최소 2.3km 크기의 특징들을 포함하는 놀라운 디테일을 담고 있다.

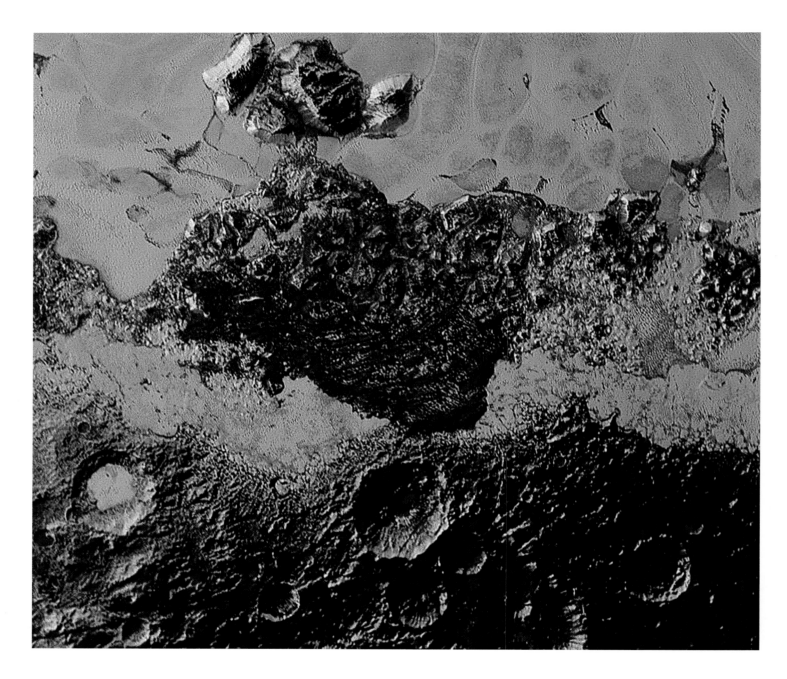

명왕성의 표면

명왕성 표면의 354km 범위를 촬영한 이 사진은 주변을 둘러싼 오래된 지형에 비해 상대적으로
최근에 생성된 부드럽고 가벼운 지형의 모습이 담겨 있다.

스푸트니크 평원

이 고해상도 이미지는 파란색, 빨간색 그리고 적외선 필터를 이용하여 촬영하였으며 질소, 일산화탄소
그리고 메탄으로 구성된 얼음 평원인 스푸트니크 평원의 모습을 볼 수 있다.

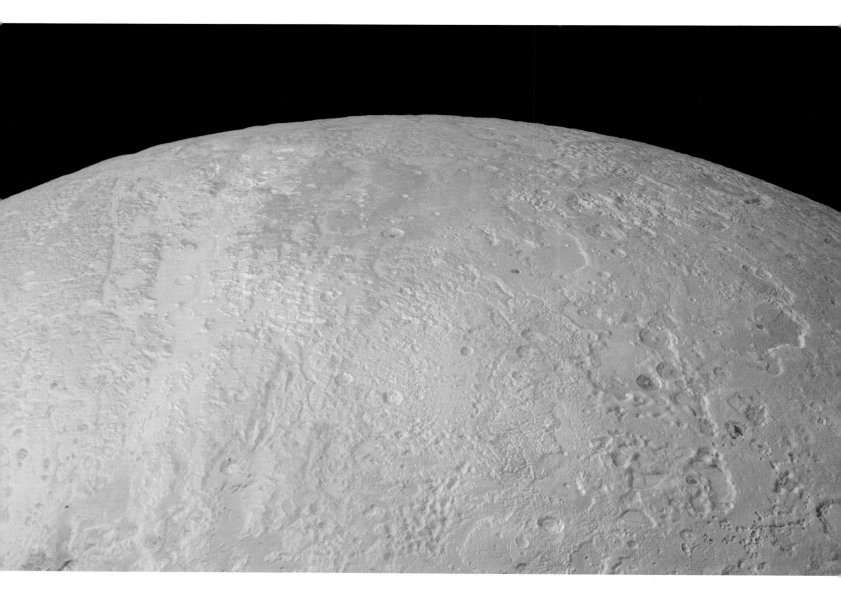

명왕성의 기다란 협곡

명왕성의 북극을 지나는 깊은 협곡을 디테일하게 클로즈업한 이 사진은 2015년 7월에 뉴호라이즌스호에 탑재되어 있는 MVIC(Ralph/Multispectral Visible Imaging Camera, 랄프/다중 스펙트럼 가시광선 카메라)로 촬영하였다. 가장 큰 협곡은 사진 중앙부 상단 왼쪽의 북극 지역에 있으며, 그 너비는 72km이고 동서방향으로 가로지르는 작은 협곡으로 나누어져 있다. 과학자들은 사진에 있는 협곡이 명왕성의 다른 지역보다 지질학적으로 오래되었다고 믿고 있다. 협곡 사이사이에 있는 넓은 구덩이는 얼음이 녹으면서 지표면이 붕괴된 구멍이다. 이 지역의 노란색 부분은 오래된 메탄 덩어리가 오랫동안 태양 복사에 노출된 것으로 명왕성의 다른 지역과 비교하여 매우 독특하다. 오른쪽 아래에 있는 청백색 부분은 고도가 낮은 지역을 나타낸다.

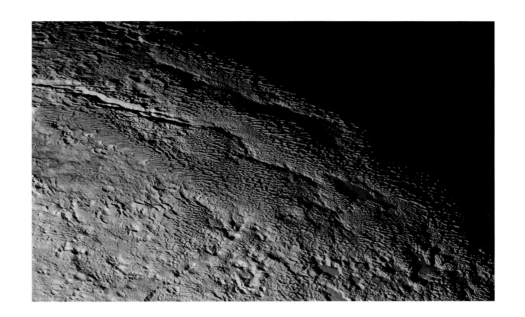

명왕성의 산맥

뉴호라이즌스호가 촬영한 타르타로스 도르사 산맥의 모습. 둥그스름한 산마루와 곰보 자국 같은 지형이 특징이다.

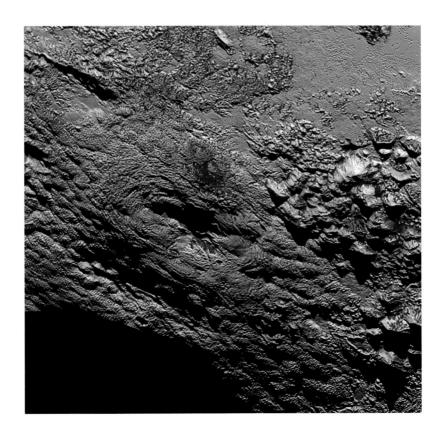

라이트 산

스푸트니크 평원의 남쪽에 있는 산악 지역을 촬영한 이미지의 중앙에 라이트 산의 모습이 담겨 있다. 라이트 산은 161km에 걸쳐 있으며 높이는 4km이다. 이 산은 명왕성의 표면 아래에서 발생한 얼음 분출에 의해 형성되었다고 생각된다.

명왕성의 일몰

이 이미지는 2015년 7월 14일, 뉴호라이즌스호가 명왕성에 가장 가까이 접근하고 15분 후에 촬영한 것이다. 이 사진에는 역광에서 볼 수 있는 명왕성 산맥의 광활한 모습과 평원 그리고 흐릿한 대기의 모습이 담겨 있다.

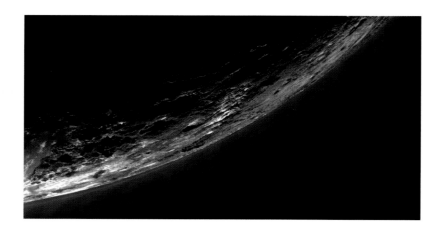

| 왼쪽 |

명왕성의 가장자리

명왕성 가장자리(천체의 가장자리에 있는 경계면)에 있는 뿌연 대기는 20개의 층으로 이루어져 있으며 사진 왼쪽 아래에는 1개의 층이 우주로 5km 뻗어 나와 있다.

명왕성의 가장자리

뉴호라이즌스호에 탑재된 MVIC가 명왕성 가장자리에 있는 흐릿한 대기의 모습을 촬영하였다. 과학자들은 이 흐릿한 것이 스모그이며 이는 태양광에 의해 촉발된 메탄과 질소의 화학 작용의 결과라는 이론을 제시하였다. 이 화학 작용에 의해 작은 입자가 생성되며, 명왕성의 표면 위를 떠다니면서 입자의 크기가 점점 커지게 된다. 명왕성의 지표면에서 높은 곳일수록 입자를 기화시키기에 충분할 정도로 따뜻하기 때문에 가장 높은 대기층은 일반적으로 불안정하다. 과학자들은 부드러운 바람이 따뜻한 상층부에서 차가운 지표면으로 열을 전달하고 위로 향하는 중력파를 발생시켜 일정한 간격으로 입자를 압축하거나 얇게 하기 때문에 수많은 공기층이 생긴 것이라고 믿는다. 이러한 활동으로 인해 대기가 명왕성 주변에 고리 모양의 패턴을 만들게 된다.

| 왼쪽 |

명왕성의 얼음 지각

명왕성 지표면의 얼음이 솟아오르면서 만들어진 알이드리시(al-Idrisi) 산맥의 모습을 뉴호라이즌스호가 포착하였다. 이미지상에 나타난 지형의 폭은 80km이며 산맥이 끝나는 부분에서부터 스푸트니크 평원이 시작된다.

| 위 |

명왕성의 모자이크 이미지

연속된 사진을 조합한 이 이미지는 2015년 9월 5일부터 7일 사이에 촬영하였다. 사진의 가운데에는 거친 산악 지형으로 둘러싸인, 지질학적으로 평평한 스푸트니크 평원이 보인다.

근접

이 모자이크 이미지는 2015년 7월에 뉴호라이즌스호가 명왕성에 가장 가까이 접근할 때 촬영한 것이다. 이 사진에는 얼음 크레이터 부터 빙하로 이루어진 평원까지, 명왕성의 지질학적 특징을 고스란히 담고 있다. 이미지상에 나타난 지형의 폭은 80km이며 220페 이지에 나온 알이드리시 산맥의 모습도 보인다.

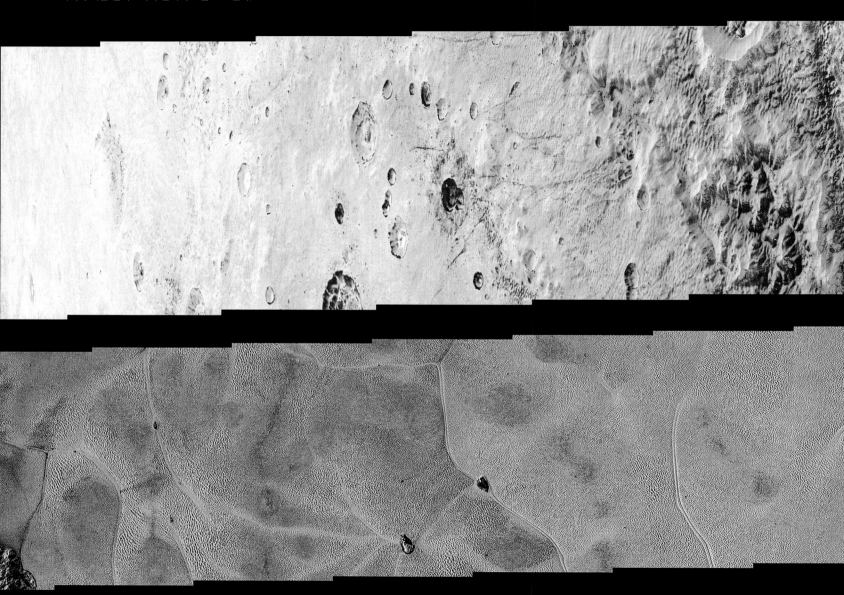

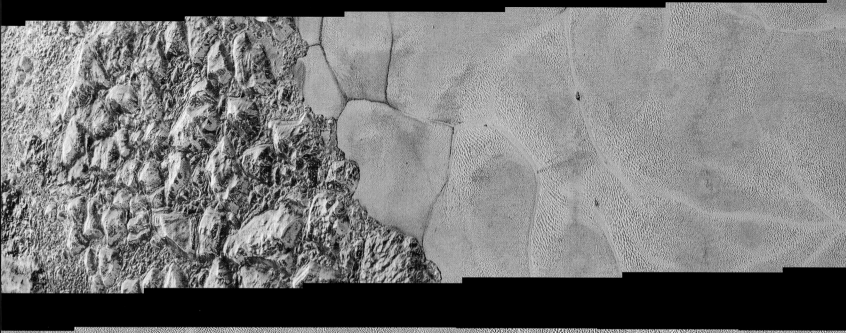

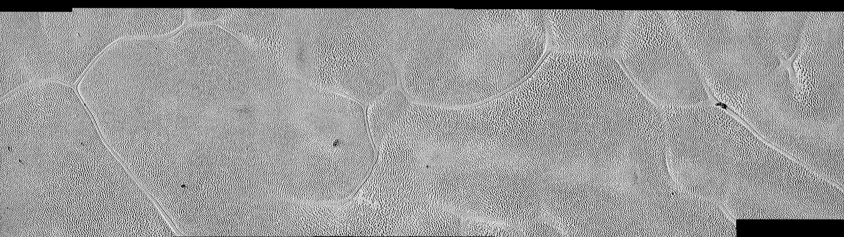

스푸트니크 평원의 중심부

뉴호라이즌스호가 촬영한 이 고해상도 모자이크 이미지는 도시의 한 블록보다 좁은 영역의 모습을 담고 있다. 사진의 왼쪽에는 스푸트니크 평원의 북서쪽 가장자리의 모습이 담겨 있으며 오른쪽으로 갈수록 작은 무늬가 있는 평원을 볼 수 있다. 사진의 왼쪽에서 오른쪽까지의 거리는 644km이다.

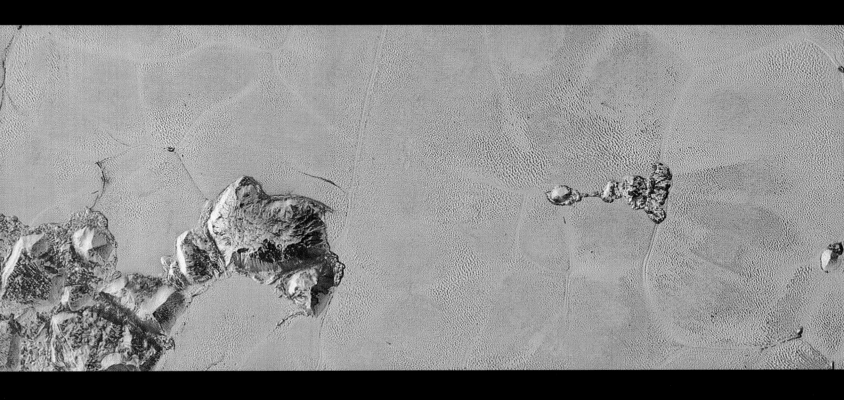

스푸트니크 평원

2015년 7월 14일, 뉴호라이즌스호가 명왕성에 가장 가까이 접근하기 직전에 촬영한 이미지. 이 색상 강조 이미지는
명왕성 표면의 531km에 해당하는 영역의 모습을 담고 있으며, 그 안에 244m 크기를 가진 지형의 모습을 볼 수 있다.
이 이미지에는 그 크기가 16km에서 48km 정도 되는, 부풀어 오른 듯한 모양의 셀로 표면이 덮여 있는 하트 모양의 거
대한 스푸트니크 평원이 있다. 셀의 모양은 그 지역의 고체 질소 얼음의 열대류에서 유래한다. 질소가 이 왜소행성의
열에 의해 데워지면 커다란 방울이 되어 올라오다가 냉각되며, 이 과정이 반복되면서 셀 모양이 만들어진다.

명왕성과 카론

명왕성과 명왕성의 가장 큰 위성인 카론이 담겨 있는 이 색상 강조 이미지는 2015년 7월 14일에 뉴호라이즌스호가 촬영하였다. 명왕성–카론은 쌍성과 유사하게 서로의 주위를 도는, 태양계에서 유일한 쌍을 이루는 행성계를 이루고 있다. 카론의 지름은 명왕성의 절반에 불과하지만 산맥, 협곡, 다양한 색상의 지표면과 같은 다양한 지형적 특징을 가지고 있다. 명왕성의 적도 부근과 카론의 극 지역에서 동일한 빨간색 반점을 볼 수 있다. 어두운 빨간색을 띤 카론의 극관은 명왕성의 대기에서 방출된 메탄가스가 위성의 표면에 붙잡혀 생긴 것이다.

명왕성과 카론의 지형

2015년 7월에 뉴호라이즌스호가 촬영한 이 색상 강조 합성 이미지는 명왕성과 카론의 다양한 지형과 두 천체의 상대적인 위치를 보여 준다. 카론은 모행성의 크기에 비해서 가장 큰 위성이다.

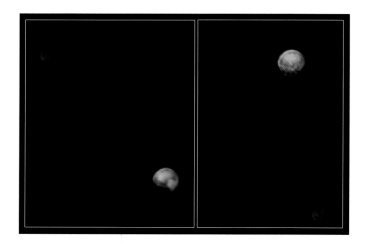

닉스

명왕성에서 세 번째로 큰 위성인 닉스는 어둠 속에서 빛나고 있으며, 이 이미지는 22,500km 떨어진 곳에서 촬영하였다.

명왕성과 카론의 두 이미지

2015년에 뉴호라이즌스호가 촬영한 이 2개의 다른 사진은 명왕성과 카론을 뚜렷이 보여 주며, 각 천체의 바깥쪽과 두 천체의 사이에 있는 "무게 중심(서로 공전하는 두 천체의 질량 중심)"을 묘사하고 있다. 무게 중심은 카론의 중심으로부터 19,700km, 명왕성의 중심으로부터 400km 떨어진 곳에 위치하고 있으며, 이 지점에서는 두 천체의 중력 효과가 상쇄되기 때문에 명왕성은 마치 우주에서 흔들리고 있는 것처럼 보이게 된다. 명왕성과 카론 시스템의 공통 질량 중심은 천체 안쪽에 있지 않기 때문에 과학자들은 이 둘이 진짜 행성-위성계를 이루는 것은 아니라고 생각하고 있다.

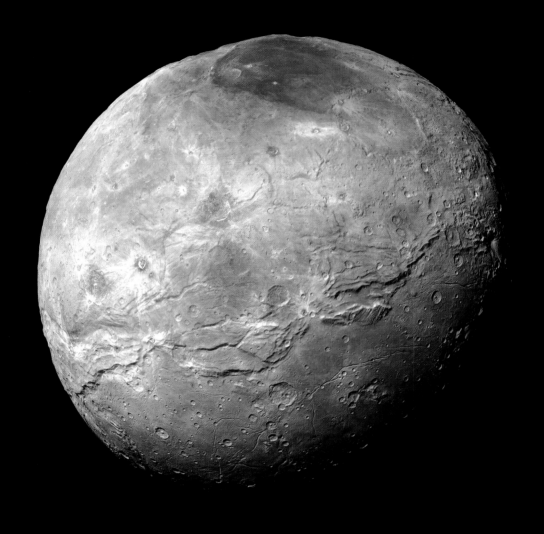

카론

2015년 7월 14일에 뉴호라이즌스호가 촬영한 카론의 이미지는 흠집이 있는 빨간색 북극 지역의 모습을 보여 준다. 이 지역은 모도르(Mordor) 반점이라고 하며, 이는 J.R.R. 톨킨의 소설 '반지의 제왕'에 등장하는 어둠의 지역에서 그 이름을 따온 것이다. 이 지역은 뉴멕시코주를 덮을 수 있을 정도로 넓다. 카론은 다양한 지형을 가지고 있지만 모도르를 제외하고는 명왕성과 비교했을 때 무채색에 가깝다. 카론과 명왕성은 쌍을 이룬 행성계이며 서로의 주위를 도는 데 6.4일이 걸린다. 명왕성이 자신의 회전축을 한 바퀴 도는 데 걸리는 시간도 이와 거의 비슷하기 때문에 카론은 항상 명왕성의 같은 지역의 위로 떠다니게 된다. 즉, 동주기 자전을 하는 것이며 이는 카론의 한쪽 면만이 명왕성을 향하게 된다는 의미이다.

세 레 스

세레스

NASA의 무인 탐사선 던호가 2015년 4월 24일부터 26일까지 약 13,520km 떨어진
곳에서 촬영한 세레스의 모자이크 이미지. 세레스는 화성과 목성 사이에 있는 소
행성대에서 가장 큰 천체이며 지구와 가장 가까운 왜소행성이다. 세레스는 1801년,
시칠리아의 천문학자 주세페 피아치(Giuseppe Piazzi)가 발견하였으며, 발견 후 얼마 동
안은 행성으로 생각되었지만 결국에는 소행성으로 여겨졌다. 하지만 그 후 2006년
에 왜소행성으로 승격되었다. 세레스는 지름이 950km로 우리가 알고 있는 왜소행
성 중 가장 작으며 지질학적인 활동이 있었던 것으로 생각된다. 무인 탐사선 던호
에 영향을 주는 세레스의 중력 변화 측정값은 과거의 열 변화와 지질학적인 역사
에 대한 통찰력을 제시하며 과학자들은 이것이 수백만 년에 걸친 급격한 변화의 증
거라고 생각한다.

세레스 표면의 두 크레이터

NASA의 던호가 낮은 고도에서 가까이 촬영한 다다 크레이터(중앙 위)와 보다 큰 로스크바 크레이터(왼쪽)의 모습.

세레스 남반구의 화산

무인 탐사선 던호가 촬영한 이 이미지에서 세레스 남반구의 독특한 크레이터와 커다란 화산을 볼 수 있다.

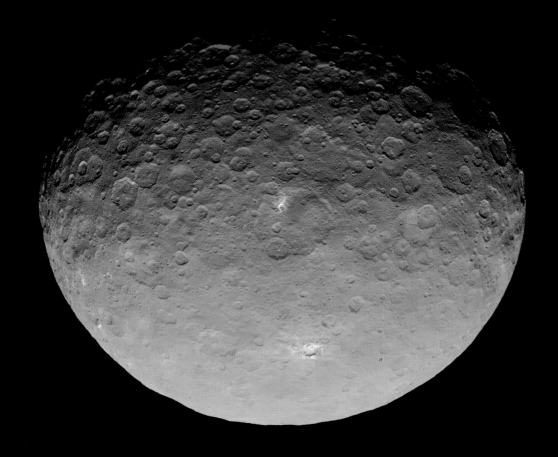

세레스의 클로즈업 사진

세레스를 클로즈업한 이 이미지는 2015년 5월 4일, 왜소행성 세레스에서 13,520km 떨어진 지점에서 던호가 촬영하였다. 세레스는 얼음 화산(이 이미지에서는 보이지 않음)에서 솟아오르는 수증기 기둥을 비롯한 수많은 독특한 특징을 가지고 있다. 세레스는 구형이 되기에 충분한 중력을 가지고 있어 분명한 둥근 모양을 하고 있다. 세레스에서 볼 수 있는 밝은 점은 얼음이나 소금과 같이 반사를 일으키는 물질로 인한 것이다. 이 중에서 가장 밝은 지점은 오카토르 크레이터에서 볼 수 있다. 세레스 크레이터의 형태학 연구에 따르면, 이 왜소행성의 지각은 대략 60%의 암석과 40%의 얼음으로 구성되어 있다고 한다. 세레스의 표면은 특이하게도 암모니아가 가득한 진흙을 포함하고 있다. 암모니아는 태양계 외곽에 풍부하게 존재하기 때문에 과학자들은 세레스가 해왕성 부근에서 생성되었고 시간이 흐른 뒤에 태양계 안쪽으로 들어왔을 것이라는 이론을 제시하고 있다.

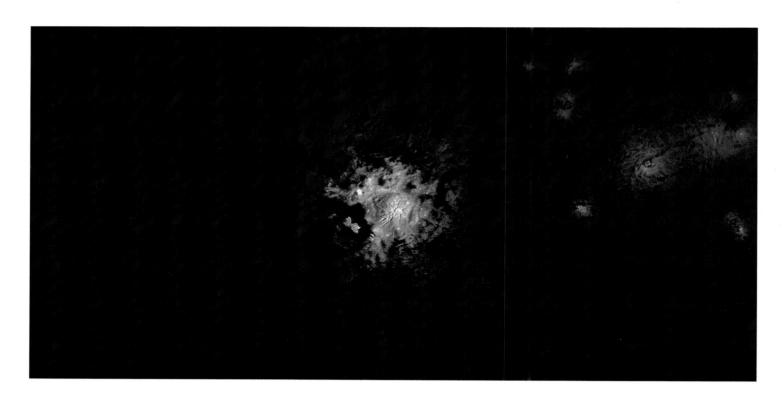

오카토르 크레이터

왜소행성 세레스에서 가장 밝은 부분인 오카토르 크레이터를 촬영한 색상 강조 이미지. 이 크레이터에는 과학자들이 지구 밖에서 관측한 가장 고농도의 탄산염 광물이 포함되어 있다. 중앙에 돔이 있는 오카토르 크레이터(안에 돔이 있는 크레이터는 암석층이 땅속에서 부서지고 수천 년에 걸쳐 표면을 위로 밀어내면서 생성)는 생성된 지 8천만 년이나 되었다. 이 크레이터는 상대적으로 젊고, 소금 퇴적물과 같은 반사 물질로 둘러싸여 있다. 과학자들은 이 소금 퇴적물이 깊은 열수 작용을 통해 세레스의 표면으로 광물질을 밀어낸, 지하에 있는 액체 상태의 바다 흔적이라고 추측한다.

| 오른쪽 |

세레스의 가장자리

2016년 10월에 던호가 촬영한 이 이미지는 세레스 북반구가 우주의 심연과 만나는 경계 부분을 보여 준다. 이미지의 왼쪽 위에는 충돌 크레이터인 오카토르 크레이터의 모습이 보인다. 이 크레이터의 폭은 92km이고 깊이는 4km이며, 내부는 소금에 의해 빛나고 있다.

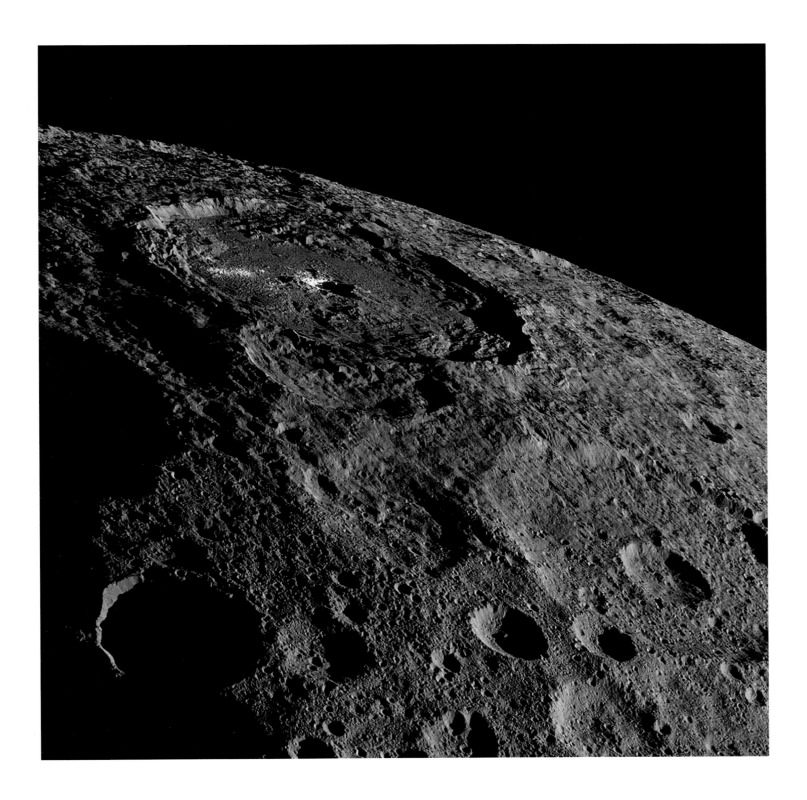

세레스의 크레이터

던호는 2016년 초반에 세레스 북반구에 있는 돔형 크레이터의 모습을 촬영하였다. 이 크레이터의 주변은 분출된 암석으로 둘러싸여 있으며 대부분 소금 침전물로 구성된 밝은 반사 물질을 포함하고 있다.

밝은 오카토르 크레이터

세레스의 오카토르 크레이터를 촬영한 이 가상색 이미지에서 세레스의 중심에 있는 밝은 점을 볼 수 있다. 이 크레이터에는 상대적으로 매끄러운 구덩이 안쪽 중심에 반짝이는 돔을 포함하여(이 사진에서는 둘 다 볼 수 없다.) 여러 가지 지형이 희한하게 섞여 있다. 돔은 활동적인 내부의 움직임을 보여 주는 여러 틈새와 갈라진 지형으로 덮여 있다. 오카토르 크레이터는 세레스에서 가장 빛나는 밝은 지점이긴 하지만, 이 왜소행성 전반에 걸쳐 빛을 반사하는 지역이 최소 100개 이상 분포하고 있다.

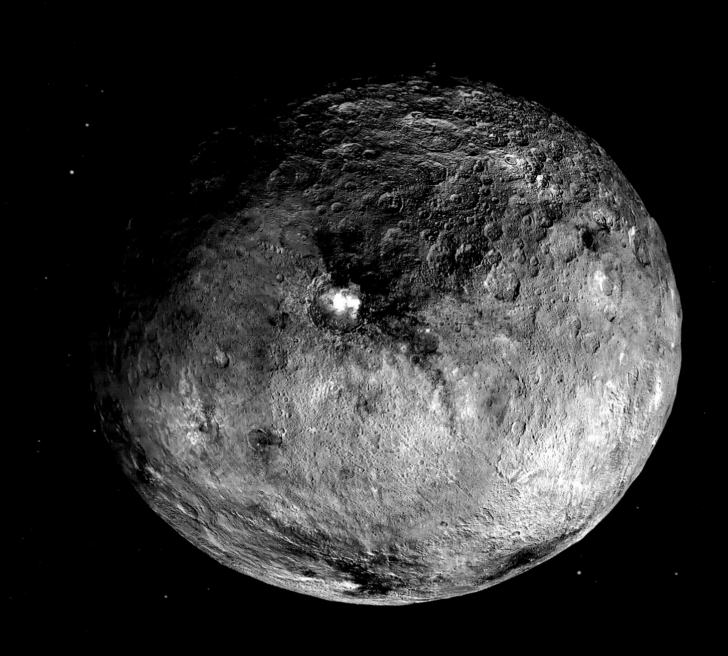

혜 성 6 7 P /
추 류 모 프 - 게 라 시 멘 코

우주에서 빛나는 혜성

67P/추류모프–게라시멘코(Churyumov–Gerasimenko) 혜성은 카이퍼 벨트에서 유래했을 가능성이 높다. 하지만 다른 목성족 혜성과 같이 이 혜성의 궤도도 목성 중력의 영향에 의해 결정되며 목성의 궤도를 조금 벗어나 태양계 안쪽으로 여행을 한다. 유럽 우주국의 로제타(Rosseta)호는 2015년 7월 14일에 이 혜성에 도착하여 관측을 했으며, 로제타호에 실려 있는 NavCam(내비게이션 카메라)을 이용하여 67P 혜성으로부터 약 161km 떨어진 곳에서 이 이미지를 촬영하였다. 67P 혜성은 단주기 혜성으로 20년 주기로 태양을 공전한다. 카이퍼 벨트에서 유래한 다른 혜성들처럼 67P 혜성도 충돌 혹은 중력에 의한 영향으로 인해 카이퍼 벨트에서 태양 쪽으로 빠져나왔을 가능성이 크다. 목성과 같은 거대한 행성의 중력 작용은 시간에 따라 혜성의 궤도를 바꿀 수 있으며, 결국 혜성이 다른 천체와 충돌하지 않는 한, 모두 태양계 밖으로 튕겨 나갈 수도 있다.

| 위 |

물질을 뿜어내는 혜성

이 이미지는 2015년 3월 14일, 67P/추류모프-게라시멘코 혜성으로부터 85km 떨어진 곳에서 로제타호에 탑재된 NavCam으로 촬영하였다.

| 오른쪽 |

67P/추류모프-게라시멘코

67P 혜성의 이 정밀한 이미지는 2016년 초에 혜성의 중심부로부터 12km 떨어진 곳에서, 로제타호에 탑재된 NavCam으로 촬영하였다.

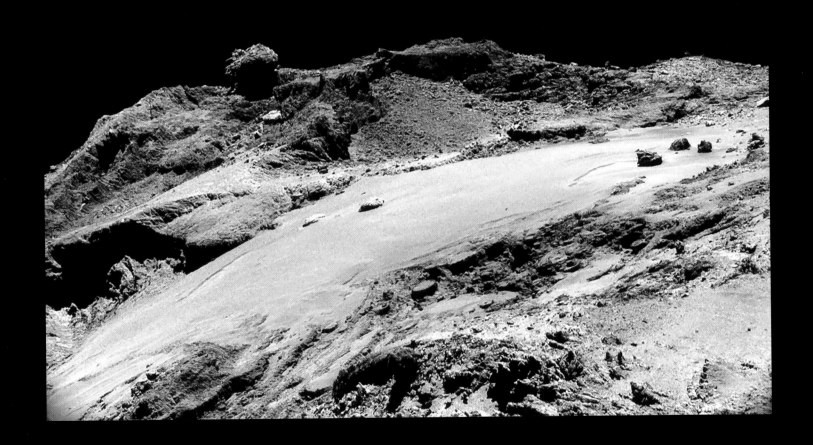

| 왼쪽 |

67P/추류모프−게라시멘코 혜성의 합성 이미지

이 이미지는 로제타호가 혜성으로부터 약 31km 떨어진 곳에서 NavCam으로 촬영한 4장의 사진을 합쳐서 만들었다.

| 오른쪽 |

67P/추류모프−게라시멘코 혜성의 표면

2016년 4월에 로제타호에 탑재된 협시야각 카메라 OSIRIS(Optical, Spectroscopic, and Infrared Remote Imaging System, 광학, 분광 그리고 적외선 원격 촬영 시스템)로 촬영한 67P 혜성의 모습은 바위와 균열 및 커브로 이루어진 거대한 풍경을 보여 준다. 하지만 이 혜성의 길이는 단지 3km에 불과하다. 67P 혜성은 지구 궤도와 만나지 않지만, 지구와 충돌하여 공룡을 멸종시킨 소행성의 크기와 비슷하다.

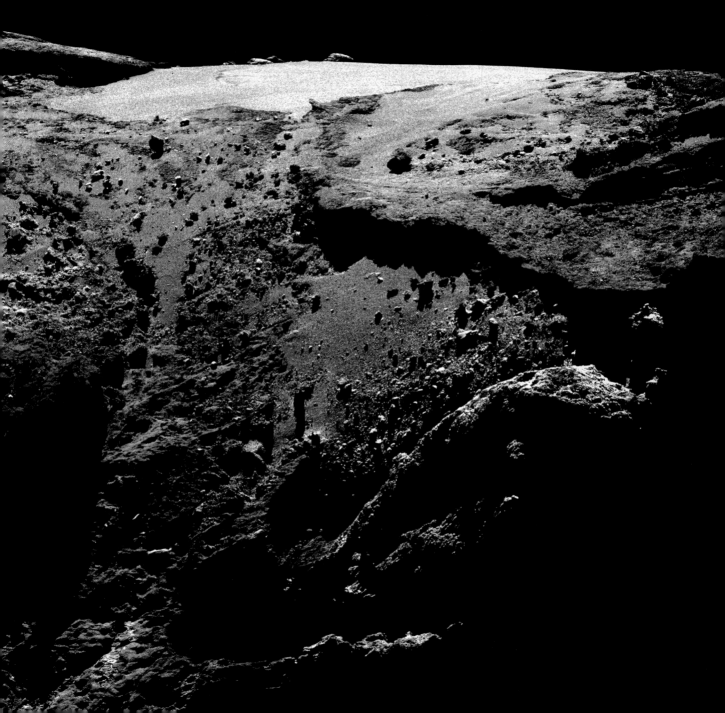

| 왼쪽 |

혜성의 부드러운 지역

2014년에 로제타호가 촬영한 이미지는 혜성의 두 돌출부 사이에 있는 중심 부분을 보여 준다. 오래된 이 지표면은 얼음과 최소한 16가지의 유기 화합물(아세트아마이드, 아세톤, 아이소사이안화 메틸, 프로피온알데히드 등과 같은, 이전에는 혜성에서 발견하지 못했던 물질을 포함)이 포함된 암석으로 이루어져 있다.

| 위 |

드라마틱한 풍경

67P 혜성의 이 독특한 이미지는 혜성으로부터 285km 떨어진 지점에서 로제타호에 실려 있는 OSIRIS 협시야각 카메라로 촬영하였다.

소 행 성 베 스 타

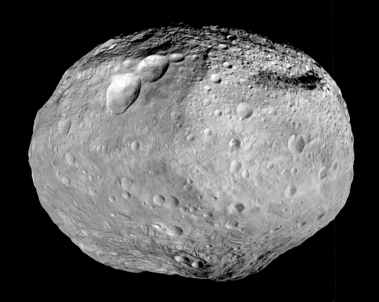

| 위 |

울퉁불퉁한 지형의 베스타

2012년, 던호는 달과 매우 흡사한 거대한 소행
성 베스타의 고해상도 모자이크 이미지를 촬영
하였다. 밝고 어두운 지역이 보이는 특징이 있다.

| 오른쪽 |

베스타의 북극

던호는 2012년에 베스타 북극의 클로즈업 이미지를 촬영하였다. 던호는 2011년 7월에 베스타에 접
근했지만 적어도 1년 동안 베스타의 북극은 어둠에 잠겨 있었다. 베스타는 화성과 목성 사이에 있
는 소행성대에서 왜소행성 세레스의 뒤를 이어 두 번째로 큰 천체이며, 오랫동안 살아 있는 원시
행성으로 생각된다. 원시행성은 태양계가 생성되던 무렵(태양계 생성 후 수백만 년 이내)에 생긴 천체로,
다른 원시행성들과 합쳐지면서 암석으로 이루어진 지구형 행성을 형성하였다. 베스타는 하늘에서
가장 밝으며 탐사선이 방문한 첫 번째 소행성이다. 베스타는 1996년에 지구에 가장 가까이 접근했
으며 이때 거리는 1억7천7백만km였다.

| 왼쪽 |

베스타의 지도

이 모자이크 이미지는 던호가 베스타로부터 209km 떨어진 지점에서 촬영한 약 1만 장의 이미지를 이용하여 만들었다.

| 오른쪽 |

"스노우 맨(눈사람)" 크레이터

3개의 충돌 크레이터(다른 소행성과의 충돌로 인해 만들어진 것으로 보인다.)가 있는 이 컬러 이미지는 베스타 표면 676km 상공에서 촬영한 여러 장의 사진을 합쳐 만들었다.

베스타의 불규칙한 지형

2011년에 던호가 촬영한 이미지에는 이 원시행
성의 역사상 초기에 생성된 것으로 추측되는 산
사태로 인한 가파른 경사와 크레이터의 모습이
담겨 있다.

베스타의 남극

많은 과학자들은 베스타 남극의 원형 구조는 사실 다른 소행성과의 충돌로 인해 생긴 커다란 크
레이터라고 생각한다. 이 이미지는 2011년에 던호가 촬영하였지만 사실 1996년에 허블 우주 망원
경이 이 크레이터의 모습을 최초로 촬영하고 크기를 측정하였다. 지름이 460km에 이르는 이 크
레이터는 베스타의 크기가 530km에 불과하다는 것을 고려하면 크기가 상당하다고 할 수 있다.

베스타의 커다란 산

던호가 촬영한 이 이미지에는 베스타의 남극에 있는 커다란 크레이터에서 솟아오른 거대한 산의 모습이 담겨 있다. 시각적으로 크기를 가늠할 수 있는 기준이 없어서 이미지에 있는 산의 크기를 제대로 인식할 수는 없지만, 이 커다란 산은 에베레스트 산보다 무려 2배나 높으며 우리 태양계에서 단단한 표면을 지닌 천체에 있는 산 중에서 가장 높은 것 중의 하나이다.

용 어 설 명
KEY FOR AGENCY ACRONYMS

ACS = Advanced Camera for Surveys,
첨단 관측 카메라

AIA = Atmospheric Imaging Assembly,
대기 이미징 어셈블리

ASI = Italian Space Agency, 이탈리아 우주국

ASTER = Advanced Spaceborne Thermal
Emission and Reflection Radiometer,
향상된 우주 열복사와 반사 복사계

AURA = Association of Universities for
Research in Astronomy, 대학 천문학 연구 협회

BBSO = Big Bear Solar Observatory,
빅베어 태양 천문대

CEA / Irfu = Alternative Energies and Atomic
Energy Commission / Research Institute of
the Fundamental Laws of the Universe, France,
프랑스 대체 에너지 및 원자력 위원회 /
우주 기본 법칙 연구소

CNRS / INSU = French National Centre for
Scientific Research / Institute for Earth Sciences
and Astronomy, 프랑스 국립 과학 연구소 /
지구 과학 및 천문학 연구소

CXC = Chandra X-ray Center, 찬드라 X선 망원경

DASP = Distributed Aerodynamic Sensing and
Processing, 분산 공기 역학 감지 및 처리

DLR = German Space Agency, 독일 항공 우주국

DOD = Department of Defense, 미국 국방부

ERSDAC = Earth Remote Sensing Data Analysis
Center, 지구 원격 측정 데이터 해석 센터

ESA = European Space Agency, 유럽 우주국

ESO = European Southern Observatory,
유럽 남방 천문대

GRC = Glenn Research Center, 글렌 연구 센터

GSFC = Goddard Space Flight Center,
고더드 우주 비행 센터

HEIC = Hubble European Space Agency
Information Centre, 허블 유럽 우주국 정보 센터

IAA = International Aerospace Abstracts,
국제 항공 우주 초록

IDA = International Docking Adapter,
국제 도킹 어댑터

INAF = National Institute for Astrophysics,
Italy, 이탈리아 국립 천문학 연구소

INTA = National Institute of Aeronautics,
Spain, 스페인 항공 우주 기술 연구소

IPHAS = INT Photometric H-Alpha Survey,
아이작 뉴턴 망원경을 통한 H-α 사진 조사 연구

ISS = International Space Station,
국제 우주 정거장

JAROS = Japanese Resource Observation System
Organization, 일본 자원 관측 시스템 기구

JAXA = Japan Aerospace Exploration Agency,
일본 우주 항공 연구 개발 기구

JHUAPL = Johns Hopkins University Applied
Physics Laboratory, 존스 홉킨스 대학 응용
물리 연구소

JIRAM = Jovian Infrared Auroral Mapper,
주노호에 탑재된 목성 적외선 오로라 탐색 장치

JPL- Caltech = Jet Propulsion Laboratory /
California Institute of Technology,
제트 추진 연구소 / 캘리포니아 공과대학

JSC = Johnson Space Center, 존슨 우주 센터

LAM = Low-Altitude Mission, 저 고도 임무

LMSAL = Lockheed Martin Solar and
Astrophysics Laboratory, 록히드 마틴 태양 및
천체 물리학 연구소

LPI = Lunar and Planetary Institute,
달과 행성 연구소

METI = Ministry of Economy, Trade, and
Industry, Japan, 일본 경제산업성

MPS = Max Planck Society, 막스 플랑크 협회

MSS = Main Space Science Systems,
메인 스페이스 사이언스 시스템

NASA = National Aeronautics and Space
Administration, 미국 항공 우주국

NAVCAM = Navigation Camera, 내비게이션 카메라

NJIT = New Jersey Institute of Technology,
뉴저지 공과대학

NOAA = National Oceanic and Atmospheric
Administration, 국립 해양 대기청

NOAA GOES = National Oceanic and
Atmospheric Administration Geostationary
Operational Environment Satellite,
국립 해양 대기청 정지 기상 위성

PACS = Photoconductor Array Camera and
Spectrometer, 광전도체 배열 카메라와 분광기

PSI = Physical Sciences Informatics,
물리학 정보 시스템

SDO = Solar Dynamics Observatory,
태양 활동 관측 위성

SOHO = Solar and Heliospheric
Observatory, 태양 관측 위성

SSI = Space Science Institute, 우주 과학 연구소

SSO = Spatial Standard Observer, 공간 표준 관찰자

STScI = Space Telescope Science Institute,
우주 망원경 과학 연구소

SwRI = Southwest Research Institute,
사우스웨스트 연구소

UKATC / STFC = United Kingdom Astronomy
Technology Centre / Science and Technology
Facilities Council, 영국 천문학 기술 센터 /
과학 기술 위원회

UPD = University of Padova, 파도바 대학교

UPM = Polytechnic University of Madrid,
마드리드 폴리테크닉 대학

USGS = US Geological Survey, 미국 지질 조사국

VLT = Very Large Telescope(European Southern
Observatory), 거대 망원경(유럽 남방 천문대)

참 고 문 헌
BIBLIOGRAPHY

Boss, Alan. *The Race to Find New Solar Systems*. Hoboken, NJ: Wiley, 2000.

Cox, Brian. *The Wonders of the Solar System*. New York, NY: HarperCollins Reference Hardbacks, 2010.

David, Leonard. *Mars: Our Future on the Red Planet*. Washington, DC: National Geographic, 2016.

Hadfield, Chris. *You Are Here: Around the World in 92 Minutes*. New York, NY: Little, Brown, 2014.

Meltzer, Michael. *The Cassini-Huygens Visit to Saturn: An Historic Mission to the Ringed Planet*. New York, NY: Springer Praxis Books, 2015.

Ridpath, Ian, and Will Tirion. *Stars and Planets: The Most Complete Guide to the Stars, Planets, Galaxies, and the Solar System*. Princeton, NJ; Princeton Field Guides, 2008.

Ward, Peter D., and Donald Brownlee. *Rare Earth: Why Complex Life Is Uncommon in the Universe*. New York, NY: Copernicus, 2000.

웹 자 료
WEB RESOURCES

NASA Solar System Exploration, solarsystem.nasa.gov/galleries/

Jet Propulsion Laboratory/California Institute of Technology, photojournal.jpl.nasa.gov

Arizona State University Apollo Image Archive, apollo.sese.asu.edu

Gateway to Astronaut Photography of Earth, eol.jsc.nasa.gov

사 진 출 처
IMAGE CREDITS

Front cover: NASA, JPL-Caltech, SSI
Back cover: NASA, USGS
Page 4: NASA, M. Justin Wilkinson, Texas State University, Jacobs Contract at NASA-JSC
Page 13: NASA, JHUAPL, Carnegie Institution of Washington
Page 14–15: NASA, JHUAPL, Carnegie Institution of Washington
Page 16: NASA, JHUAPL, Carnegie Institution of Washington
Page 17: NASA, JHUAPL, Carnegie Institution of Washington
Page 18: NASA, JHUAPL, Carnegie Institution of Washington
Page 19: NASA, JPL-Caltech
Page 20: NASA, JHUAPL, Carnegie Institution of Washington
Page 21: NASA, JHUAPL, Carnegie Institution of Washington
Page 22: NASA, JHUAPL, Carnegie Institution of Washington
Page 23: NASA, JHUAPL
Page 24, top: NASA, JHUAPL, Carnegie Institution of Washington
Page 24, bottom: NASA, JHUAPL, Carnegie Institution of Washington
Page 25: NASA, JHUAPL, Carnegie Institution of Washington
Page 26: NASA, JHUAPL, Carnegie Institution of Washington
Page 27: NASA, JHUAPL, Carnegie Institution of Washington
Page 28: NASA, JHUAPL, Carnegie Institution of Washington
Page 29: NASA, JHUAPL, Carnegie Institution of Washington
Page 30: NASA, JHUAPL, Carnegie Institution of Washington
Page 31, top: NASA, JHUAPL, Carnegie Institution of Washington
Page 31, bottom: NASA, JHUAPL, Carnegie Institution of Washington
Page 35: NASA, SDO, AIA
Page 36: NASA, SDO, AIA

Page 37: JAXA, NASA, Lockheed Martin
Page 38: NASA, JPL-Caltech
Page 39: NASA, JHUAPL, Carnegie Institution of Washington
Page 40: NASA, NSSDC
Page 41: NASA, JPL-Caltech
Page 43: NASA, JPL-Caltech
Page 45: NASA, JPL-Caltech
Page 46: NASA, JPL-Caltech
Page 47: NASA, JPL, USGS
Page 48: NASA, JPL-Caltech
Page 49: NASA, JPL-Caltech
Page 50: NASA, JPL-Caltech
Page 51: NASA, JPL-Caltech
Page 52: NASA, JPL-Caltech
Page 57: NASA, Project Apollo Archive
Page 58–59: NASA, ISS
Page 60–61: NASA, ISS
Page 62: NASA, ISS
Page 63: NASA, ISS
Page 64–65: NASA, ISS
Page 66, top: ISS Crew Earth Observations experiment and Image Science & Analysis Laboratory, JSC
Page 66, bottom: NASA
Page 67: NASA, ESA, Alexander Gerst
Page 68–69: NASA, ISS
Page 70–71: NASA, GSFC, Jeff Schmaltz, Moderate Resolution Imaging Spectroradiometer Land Rapid Response Team
Page 73: USGS Earth Resources Observation and Science Center Data Center Satellite Systems Branch
Page 74: NASA, GSFC, METI, ERSDAC, JAROS, and US, Japan ASTERScience Team
Page 75, top: NASA, ISS
Page 75, bottom: NASA, ISS
Page 76–77: Norman Kuring of NASA's GSFC
Page 78: NASA, NOAAGOES Project
Page 79: Norman Kuring and NASA's GSFC
Page 80: ESA, NASA
Page 81: NASA
Page 82: NASA
Page 83: NASA
Page 85: NASA

Page 86–87: NASA, Lunar Orbiter Image Recovery Project
Page 88: NASA
Page 89: NASA, GSFC, Arizona State University
Page 90, top: Anaxagoras
Page 90, bottom: NASA
Page 91: NASA, GSFC, Arizona State University
Page 95: NASA, USGS
Page 96: NASA, JPL, USGS
Page 97: NASA, JPL-Caltech, USGS
Page 98: NASA
Page 99: NASA, JPL-Caltech, University of Arizona
Page 100–101: NASA, JPL-Caltech, MSSS
Page 102–103, top: NASA, JPL-Caltech, Cornell University, Arizona State University; NASA, JPL-Caltech, MSSS
Page 102–103, bottom: NASA, JPL-Caltech, Cornell University, Arizona State University; NASA, JPL-Caltech, MSSS
Page 104, top: NASA, JPL-Caltech, MSSS
Page 104, bottom: NASA, JPL-Caltech, MSSS
Page 105: NASA, JPL-Caltech, Cornell University
Page 106: NASA, JPL-Caltech
Page 107: NASA, JPL-Caltech, University of Arizona
Page 108, top: NASA, JPL-Caltech, University of Arizona
Page 108, bottom: NASA, JPL-Caltech, University of Arizona
Page 109: NASA, JPL-Caltech, University of Arizona
Page 110: NASA, JPL-Caltech, University of Arizona
Page 111: NASA, JPL-Caltech, University of Arizona
Page 115: NASA, JPL, SSI
Page 116: NASA
Page 117, top: John Clarke (University of Michigan) and NASA
Page 117, bottom: NASA, JPL-Caltech, SWRI, ASI, INAF, JIRAM
Page 118: NASA, JPL-Caltech
Page 119: NASA, JPL-Caltech, Solaris. Composite image courtesy of Alexis Tranchandon.
Page 120: NASA, JPL-Caltech, SWRI, MSSS

Page 121: NASA, JPL-Caltech, SWRI, MSSS
Page 122: NASA, JPL-Caltech, SWRI, MSSS
Page 123: NASA, JPL, University of Arizona
Page 124: NASA, ESA, and A. Simon (GSFC)
Page 125: NASA, JHUAPL, SWRI
Page 126: NASA, JHU-APL, SWRI
Page 127: NASA, JHUAPL, SWRI
Page 128: NASA, JPL-Caltech, SETI Institute
Page 129: NASA, JPL-Caltech, SETI Institute
Page 130: NASA, JPL-Caltech, University of Arizona
Page 132: NASA, JPL-Caltech, University of Arizona
Page 133: NASA, JPL, University of Arizona
Page 134–135: NASA, JPL-Caltech, SSI
Page 136–137: NASA, ESA, GSFC, UC Berkeley, JPL-Caltech, STSCI
Page 140–141: NASA, JPL, SSI
Page 142: NASA, JPL-Caltech, SSI
Page 143: NASA, JPL-Caltech, SSI
Page 144: NASA, JPL-Caltech, SSI
Page 145: NASA, JPL-Caltech, SSI
Page 146: NASA, JPL-Caltech, SSI
Page 147: NASA, JPL-Caltech, SSI
Page 148: NASA, JPL-Caltech, SSI
Page 149, top: NASA, JPL-Caltech, SSI
Page 149, bottom: NASA, JPL-Caltech, SSI
Page 150–151: NASA, JPL-Caltech, SSI
Page 152: NASA, JPL-Caltech, SSI
Page 153: NASA, JPL-Caltech, SSI
Page 154: NASA, JPL-Caltech, SSI
Page 155: NASA, JPL-Caltech, SSI
Page 156: NASA, JPL-Caltech, SSI
Page 157, top: NASA, JPL-Caltech, SSI
Page 157, bottom: NASA, JPL-Caltech, SSI
Page 158: NASA, JPL-Caltech, SSI
Page 159: NASA, JPL-Caltech, SSI
Page 160: NASA, JPL, University of Arizona, University of Idaho
Page 161: NASA, JPL-Caltech, ASI, Cornell University
Page 162, top: NASA, JPL-Caltech, SSI
Page 162, bottom: NASA, JPL-Caltech, SSI
Page 163: NASA, JPL-Caltech, SSI
Page 164: NASA, JPL-Caltech, SSI
Page 165: NASA, JPL-Caltech, SSI
Page 166: NASA, JPL-Caltech, SSI
Page 167: NASA, JPL-Caltech, SSI
Page 168, top: NASA, JPL-Caltech, SSI
Page 168, bottom: NASA, JPL-Caltech, SSI
Page 169: NASA, JPL, SSI
Page 170: NASA, JPL, SSI
Page 171, top: NASA, JPL-Caltech, SSI
Page 171, bottom: NASA, JPL-Caltech, SSI
Page 172: NASA, JPL-Caltech, SSI

Page 173: NASA, JPL-Caltech, SSI
Page 174: NASA, JPL-Caltech, SSI
Page 175, left: NASA, JPL-Caltech, SSI
Page 175, right: NASA, JPL-Caltech, SSI
Page 179: NASA, JPL
Page 180: NASA, W.M. Keck Observatory (Marcos van Dam)
Page 181: NASA, JPL-Caltech
Page 182: NASA, Lawrence Sromovsky, University of Wisconsin-Madison, Keck Observatory
Page 183: NASA and Erich Karkoschka, University of Arizona
Page 183, top: NASA, Keck Observatory
Page 183, middle: NASA and Erich Karkoschka, University of Arizona
Page 183, bottom: NASA and Erich Karkoschka, University of Arizona
Page 184: NASA, Lawrence Sromovsky, Pat Fry, Heidi Hammel, Imke de Pater, University of Wisconsin-Madison; Keck Observatory
Page 185, top: NASA, STSCI
Page 185, bottom: NASA, STSCI
Page 186: NASA, JPL-Caltech
Page 187, left: NASA, ESA, and M. Showalter (SETI Institute)
Page 187, right: NASA, ESA, STSCI
Page 190: NASA, JPL-Caltech
Page 191: NASA, JPL-Caltech
Page 192: NASA, JPL-Caltech
Page 193, top: NASA, JPL-Caltech
Page 193, bottom: NASA, JPL-Caltech
Page 194, top: NASA, JPL
Page 194, bottom: NASA, JPL
Page 195: NASA, JPL
Page 196, top: NASA, JPL
Page 196, bottom: NASA, JPL
Page 197: NASA, JPL, USGS
Page 198: NASA, JPL-Caltech, Ted Stryk Roane State Community College
Page 199, top: NASA, JPL
Page 199, bottom : NASA, JPL
Page 200, all: NASA, JPL, Planetary Data System
Page 201, all: NASA, JPL, Planetary Data System
Page 205: ESA, NASA, SOHO
Page 206: BBSO, NJIT
Page 207: NASA, SDO
Page 208: BBSO, NJIT
Page 209: Nathalia Alzate, University of Aberystwyth, and SDO
Page 210: NASA, SDO, AIA, LMSAL
Page 211: NASA, SDO
Page 213: NASA, JHUAPL, SWRI
Page 214: NASA, JHUAPL, SWRI
Page 215: NASA, JHUAPL, SWRI
Page 216: NASA, JHUAPL, SWRI

Page 217, top: NASA, JHUAPL, SWRI
Page 217, bottom: NASA, JHUAPL, SWRI
Page 218, top: NASA, JHUAPL, SWRI
Page 218, bottom: NASA, JHUAPL, SWRI
Page 219: NASA, JHUAPL, SWRI
Page 220: NASA, JHUAPL, SWRI
Page 221: NASA, JHUAPL, SWRI
Page 222–223, top: NASA, JHUAPL, SWRI
Page 222–223, bottom: NASA, JHUAPL, SWRI
Page 224–225: NASA, JHUAPL, SWRI
Page 227: NASA, JHUAPL, SWRI
Page 228, top: NASA, JHUAPL, SWRI
Page 228, bottom left: NASA, JHUAPL, SWRI
Page 228, bottom right: NASA, JHUAPL, SWRI
Page 229: NASA, JHUAPL, SWRI
Page 231: NASA, JPL-Caltech, UC Los Angeles, MPS, DLR, IDA, PSI
Page 232, top: NASA, JPL-Caltech, UC Los Angeles, MPS, DLR, IDA
Page 232, bottom: NASA, JPL-Caltech, UC Los Angeles, MPS, DLR, IDA
Page 233: NASA, JPL-Caltech, UC Los Angeles, MPS, DLR, IDA
Page 234: NASA, JPL-Caltech, UC Los Angeles, MPS, DLR, IDA, PSI, LPI
Page 235: NASA, JPL-Caltech, UC Los Angeles, MPS, DLR, IDA
Page 236: NASA, JPL-Caltech, UC Los Angeles, MPS, DLR, IDA
Page 237: NASA, JPL-Caltech, UC Los Angeles, MPS, DLR, IDA
Page 239: ESA, Rosetta, NAVCAM
Page 240: ESA, Rosetta, NAVCAM
Page 241: ESA, Rosetta, NAVCAM
Page 242: ESA, Rosetta, NAVCAM
Page 243: ESA, Rosetta, MPS for OSIRIS Team MPS, UPD, LAM, IAA, SSO, INTA, UPM, DASP, IDA
Page 244: ESA, Rosetta, NAVCAM
Page 245: ESA, Rosetta, MPS for OSIRIS Team MPS, UPD, LAM, IAA, SSO, INTA, UPM, DASP, IDA
Page 246: NASA, JPL-Caltech, UC Los Angeles, MPS, DLR, IDA
Page 247: NASA, JPL-Caltech, UC Los Angeles, MPS, DLR, IDA
Page 248: NASA, JPL-Caltech, UC Los Angeles, MPS, DLR, IDA
Page 249: NASA, JPL-Caltech, UC Los Angeles, MPS, DLR, IDA
Page 250, left: NASA, JPL-Caltech, UC Los Angeles, MPS, DLR, IDA
Page 250, right: NASA, JPL-Caltech, UC Los Angeles, MPS, DLR, IDA
Page 251: NASA, JPL-Caltech, UC Los Angeles, MPS, DLR, IDA

| 저자 |

Bill Nye

과학 교육자이자 배우, 작가 그리고 넷플릭스의 과학쇼 "세상을 구하는 사나이 빌 나이(Bill Nye Saves the World)"의 진행자이다. Bill Nye는 칼 세이건이 설립한 조직인 행성학회의 CEO를 역임하였다. 행성학회는 우주 과학, 탐사 및 효과적인 우주 정책을 발전시키기 위해 시민들을 참여시키고 있다.

Nirmala Nataraj

뉴욕에서 집필하고 있는 과학 서적 작가이다. 특히 우주론, 생태학, 분자생물학에 관한 서적을 집필하며 시각 및 행위 예술에도 집중하고 있다. 또한 '지구와 우주를 기록하다'의 작가이기도 하다.

| 번역가 |

박성래

중앙대학교에서 기계공학을, 대학원에서 디지털 · 과학 사진을 전공했다. 졸업 후 카메라 회사에서 프로 제품 전문가로 일하다가 현재는 전문 번역, 과학서적 저술 및 천문관련 강연활동을 하고 있다. 핼리혜성이 지구에 접근하던 1985~1986년부터 밤하늘에 관심을 가지게 되었고, 고등학교와 대학교에서 천문 동아리 활동을 했으며, 현재는 디지털 천체사진 동호회인 NADA(WWW.ASTRONET.CO.KR)의 회원으로 활동하고 있다. 천문 잡지 및 사진 관련 잡지에 쌍안경 관측과 천체사진에 관한 기사를 다수 연재했고, 저서로는 "천제망원경은 처음인데요"가 있다. 번역한 책으로 『나만의 DRONE 만들기』가 있으며, 「디지털카메라 화질 평가 방법에 관한 연구」(중앙대학교, 2005) 외 다수의 논문이 있다.

| 앞 표지 |

토성과 타이탄

토성에서 가장 큰 위성인 타이탄이 거대한 행성 가까이 있는 이 이미지는 2012년, 카시니호에 탑재된 광시야각 카메라로 촬영한 것이다. 이 자연 색상의 모자이크 이미지는 빨간색, 초록색, 파란색 필터를 이용하여 각각 촬영한 6장의 이미지를 조합한 것이다.